U0161972

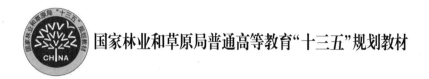

国家林业和草原局普通高等教育"十三五"规划教材

物理化学实验

马亚团　　赵海双　　主编

中国林业出版社

内 容 简 介

本书按绪论、实验内容、物理化学实验常用仪器与常用数据表4部分编写，其中实验内容按基础性实验、设计性实验和研究性实验3部分编写。在绪论中，对物理化学实验的目的和要求、实验室守则、误差及数据表达等内容做了比较详细的阐述。实验部分共编入33个实验，其中23个基础性实验、5个设计性实验和5个研究性实验，涉及热力学、动力学、电化学、表面化学及胶体化学等内容。在实验内容的选编上注重与农林专业的结合，激发学生对科学研究的兴趣。

本书可供高等农林院校化学及其他相关专业的学生使用，也可供其他院校相关专业的教师和学生参考使用。

图书在版编目（CIP）数据

物理化学实验/马亚团，赵海双主编. —北京：
中国林业出版社，2020.9（2023.12 重印）
国家林业和草原局普通高等教育"十三五"规划教材
ISBN 978-7-5219-0805-3

Ⅰ.①物… Ⅱ.①马… ②赵… Ⅲ.①物理化学-化学实验-高等学校-教材 Ⅳ.①O64-33

中国版本图书馆 CIP 数据核字（2020）第 179022 号

中国林业出版社·教育分社

策划、责任编辑：高红岩　　　　责任校对：苏　梅
电　　话：(010)83143554　　　传　　真：(010)83143516

出版发行　中国林业出版社（100009　北京市西城区德内大街刘海胡同7号）
　　　　　　　E-mail：jiaocaipublic@163.com　电话：(010)83143500
　　　　　　　http://www.forestry.gov.cn/lycb.html
经　　销　新华书店
印　　刷　三河市祥达印刷包装有限公司
版　　次　2020年9月第1版
印　　次　2023年12月第2次印刷
开　　本　787mm×1092mm　1/16
印　　张　9.25
字　　数　235千字
定　　价　28.00元

《物理化学实验》编写人员

主　编　马亚团　赵海双

编　者　(以姓氏笔画为序)

马亚团(西北农林科技大学)

马海龙(西北农林科技大学)

王　林(西北农林科技大学)

邢双喜(东北师范大学)

刘毅飞(吉林大学)

汤　颖(西安石油大学)

许　娟(西北农林科技大学)

李天保(西北农林科技大学)

李　鹤(西北农林科技大学)

杨亚提(西北农林科技大学)

杨　鹏(陕西师范大学)

张应辉(西北农林科技大学)

赵海双(西北农林科技大学)

颜录科(长安大学)

潘　慧(韩山师范学院)

前　言

物理化学实验是物理化学课程的重要组成部分，承担着创新人才培养的重要任务，它与物理化学理论课相互依存、相辅相成。通过物理化学实验教学的学习与实践，可加深学生对理论课知识的理解，训练实验技能，培养并不断提高学生分析问题、解决问题的能力和创新能力，为今后从事化学研究或相关领域的科学研究和技术工作打下扎实的基础。为此我们结合多年的实验教学经验，参考国内同类院校物理化学实验课程的教材内容，精心编写了本实验教材，编写时十分注重实验测试技术在农林专业方面的应用与开发。本教材发挥实验课理论联系实际的纽带作用，对学生进行文明培育、文明实践、文明创新教育，培养并弘扬学生劳动精神、奋斗精神、奉献精神、创造精神、勤俭节约精神，培育新时代学风校貌。

本教材由长期从事物理化学教学的教师结合各自的教学实践与经验，并参考国内相关的教材编写而成。本教材由西北农林科技大学组织，由陕西师范大学、西安石油大学、长安大学、东北师范大学、吉林大学、韩山师范学院等学校联合编写，编写组成员除杨鹏来自陕西师范大学、汤颖来自西安石油大学、颜录科来自长安大学、邢双喜来自东北师范大学、刘毅飞来自吉林大学、潘慧来自韩山师范学院外，其余均来自西北农林科技大学。编写分工如下：马亚团编写实验1~3和附录，赵海双编写实验4~6和第五章，杨亚提、张应辉编写第一章，李鹤编写实验7~10、16，马海龙编写实验11~13、15，杨鹏编写实验14，李天保编写实验17~19、21、22，邢双喜编写实验20，汤颖编写实验23，王林编写实验24~26，刘毅飞编写实验27，颜录科编写实验28，许娟编写实验29~32，潘慧编写实验33。全书由马亚团、赵海双定稿。

在本教材的编写与出版过程中，得到了学校及化学与药学院领导、教研室各位老师以及中国林业出版社的大力支持，在此表示衷心的感谢！

由于编者水平与经验有限，书中难免存在疏漏和不足之处，恳请同行和读者批评指正，以便改进和提高。

编　者

2020 年 6 月

目 录

第一章　绪　论

第一节　物理化学实验的目的

物理化学实验是综合运用物理和化学研究领域中的一些重要实验技术和手段以及数学运算方法，来研究物质的物理性质、化学性质和化学反应规律的一门科学。虽然物理化学实验与物理化学理论课有着紧密的关系，但它又是一门独立的具有很强的技术性和实践性的课程。

物理化学实验是继无机及分析化学实验、有机化学实验之后的一门基础实验课程。其主要目的是：

(1)巩固并加深对物理化学课程中一些重要理论和概念的理解，提高学生运用物理化学实验方法解决实际问题的能力。

(2)掌握物理化学实验的基本方法和技能，学会使用常见的分析测量仪器，熟悉物理化学实验现象的观察与记录、实验条件的判断与选择、实验数据的测量与处理、实验结果的分析与总结等一套严谨的实验方法。

(3)提升学生的动手能力、观察能力、创新思维能力、表达能力、查阅文献能力和处理实验数据的能力等。

(4)培养学生严谨认真、实事求是、团结协作的科学态度和作风，为后续课程的学习和科学研究打下良好的实验基础。

第二节　物理化学实验的要求

为了达到上述目的，做好每一次物理化学实验，提高物理化学实验的教学效果，必须对学生进行正确、严格的基本操作训练，并提出明确的要求。

一、实验预习

学生在实验前必须认真预习，仔细阅读实验指导书，预先了解实验的目的、原理、所用仪器的构造及操作方法，明确需要测定的物理量，做到心中有数。

在预习的基础上写出预习报告，其内容包括：实验目的、原理、实验步骤、实验的注意事项，以及预习中产生的疑难问题等。针对实验时要记录的数据可设计一个原始数据记录表。其中实验原理与实验步骤应简明扼要，不必一字不落地照书全抄，应特别注意影响实验成败的关键操作。

二、实验过程

进入实验室后按实验分组到指定的实验台，检查核对仪器，看有无缺损。等待指导教师对实验预习情况进行检查和对实验进行讲解。

实验中严格按照操作规程进行实验，一般不要随意改动。若确有改动的必要，应取得指导教师的同意。充分利用实验时间，观察现象，记录数据，分析和思考问题，提高实验效率。如遇异常现象，应立即报告指导教师，一起分析查找原因，排除故障。

实验完毕后，必须将实验数据交给指导教师审查合格后，再拆卸实验装置，整理和清洁实验仪器，实验试剂和其他用品应放归原处，经指导教师同意后方可离开实验室。如实验数据不合格，则需补做或重做。

三、实验数据记录

应注意养成良好的实验数据记录习惯。记录数据要做到如实、及时、准确、完整和清楚。记录的实验条件包括实验环境条件(室温、大气压等)、测量条件(温度、压力、电流、时间等)、实验材料和试剂(品名、纯度、浓度等)、实验装置(名称、规格、型号、精度等)，将原始数据列入自行设计的表格中。

实验数据应使用蓝色或黑色字迹的钢笔或中性笔如实完整地记录在预习报告纸(或专门的数据记录本)上，边做边记，以免事后遗忘，不得用铅笔、红笔做实验记录。记录实验数据时，需注意误差、有效数字取舍，不得随意涂抹数据，不得篡改、伪造实验数据。如发现某个数据确有问题，应该舍弃时，可用笔先将其划掉，再写出正确数据。

实验结束后，应将原始实验数据记录交给实验教师审阅，经确认、签字后，本次实验方为有效。

四、实验报告

实验报告是实验结束后，学生对实验的总结和升华。撰写实验报告是学生把实验室获得的感性认识上升为理性认识的过程，也是训练学生文字表达能力的一个环节。它能够使学生在实验数据处理、作图、误差分析、问题归纳等方面得到训练和提高，为今后撰写毕业论文或科研论文打好基础。

物理化学实验报告一般包括以下几个部分：

(1)实验目的　用自己的语言总结该实验的目的。

(2)实验原理　用自己的语言简要阐明该实验的理论根据，不必照书全抄。

(3)实验试剂与仪器　试剂应注明级别、浓度等，仪器应注明型号。

(4)操作步骤　用自己的语言简要总结，或用流程图说明。

(5)实验数据记录与处理　实验数据尽可能采用列表法记录，尽可能用计算机作图，如采用 Origin、Excel 等软件处理。

(6)实验讨论与分析　既可对实验结果与文献数据进行比较，讨论实验结果的合理性及误差来源；也可对实验中的某些现象进行分析解释；亦可对实验方法的设计、仪器的设计进行讨论；还可提出自己对本实验的认识、对本实验的改进以及对实验室今后工作的建议。总之，讨论范围可宽可窄，关键在于每个人对实验结果的分析与体会。做好实验结果的讨论，可以锻炼学生分析问题、解决问题的能力，有利于创新能力的培养。

(7)思考题 实验课后的思考题都是与相关化学理论、实验方法和技术紧密联系的，应结合理论课、文献查阅和实验结果认真分析，用自己的语言阐述。

实验报告的写作是整个实验中的一个重要环节。学生须在规定时间内独立完成实验报告并交实验指导教师。要求实事求是，科学严谨，反对粗枝大叶，字迹潦草，严禁抄袭他人数据及结果的行为。实验报告经指导教师批阅后再返回学生，如认为有必要重写者，应在指定时间内重写。

第三节 物理化学实验室守则

实验室守则是化学实验工作者长期从事化学实验工作的总结，它是保持良好环境和工作秩序、防止意外事故、做好实验的重要前提；也是培养学生良好实验习惯的重要措施。在每学期实验课前的安全讲座时必须强调实验室守则。

(1)实验前认真预习，明确实验目的和要求、实验原理、实验步骤及注意事项，了解所用仪器设备的性能及操作规程，完成预习报告。

(2)进入实验室，严格遵守实验室规章制度，衣着及所携带物品符合实验要求，按规定位置就座。

(3)实验中遵从老师指导，严格按规程操作，不得擅自改变实验内容。

(4)实验中认真操作，仔细观察，积极思考，详细记录，不得抄袭他人实验记录。

(5)爱护仪器设备，节约水、电、试剂和其他实验材料，凡损坏或丢失仪器、工具、材料等，应及时报告指导老师和实验室管理人员，按规定处理。

(6)保持实验仪器、实验台面、地面及水槽的整洁，废液倒入指定废液桶，固体废弃物倒入指定垃圾桶。

(7)实验完成后，收拾实验材料，整理实验台面，全面打扫卫生并清理垃圾桶，检查水、电、窗户等是否关好，经指导教师在记录本上签字后方可离开。

(8)按时按质独立完成实验报告，做好实验后的复习和总结。

第四节 物理化学实验室安全知识

在化学实验室里，安全是非常重要的。实验室中有各种实验所必需的试剂与仪器，如果操作不当常常潜藏着诸如着火、爆炸、中毒、灼伤、割伤、触电等事故的安全隐患。如何防止这些事故的发生，以及万一发生事故如何急救，都是每一个化学实验工作者必须具备的素质。因此，必须了解实验中的安全知识，做到防患于未然。

本节主要结合物理化学实验的特点介绍安全用电、使用化学药品的安全防护等知识。

一、安全用电常识

物理化学实验中使用电器较多，特别要注意安全用电。违章用电常常可能导致人身伤亡、火灾、仪器设备损坏等严重事故。为了保障人身安全，一定要遵守实验中的安全用电规则。

1. 防止触电

不用潮湿的手接触电器。实验时，应先连接好电路后才接通电源；修理或安装电器时，应先切断电源。实验结束时，先切断电源再拆线路。不能用试电笔去试高压电，使用高压电源应有专门的防护措施。如有人触电，应迅速切断电源，然后进行抢救。

2. 防止引起火灾及短路

电线的安全通电量应大于用电功率，使用的保险丝要与实验室允许的用电量相符。室内若有氢气、煤气等易燃易爆气体，应避免产生电火花。继电器工作时、电器接触点接触不良及开关电闸时均易产生电火花，要特别小心。如遇电线起火，应立即切断电源，用沙或二氧化碳、四氯化碳灭火器灭火，禁止用水或泡沫灭火器等导电液体灭火。电线、电器不要被水淋湿或浸在导电液体中，以防短路。

3. 电器仪表的安全使用

使用前首先要了解电器仪表要求使用的电源是交流电还是直流电、是三相电还是单相电，以及电压的大小(如 380 V、220 V、110 V 或 6 V)。须弄清电器功率是否符合要求及直流电器仪表的正、负极。仪表量程应大于待测量，若待测量大小不明时，应从最大量程开始测量。实验之前要检查线路连接是否正确，经指导教师检查同意后方可接通电源。在使用过程中，如发现有不正常声响，局部温度升高或嗅到绝缘漆过热产生的焦糊味，应立即切断电源，并报告教师进行检查。

二、使用化学品的安全防护

1. 防毒

许多化学药品都有毒性，其毒性可通过呼吸道、消化道、皮肤等进入人体，防毒的关键是杜绝或尽量减少毒物进入人体，因此实验前，应了解所用药品的毒性及防护措施。操作有毒气体(如 H_2S、Cl_2、Br_2、浓 HCl 和 HF 等)应在通风橱内进行。苯、四氯化碳、乙醚、硝基苯等的蒸气会引起中毒，它们虽有特殊气味，但久嗅会使人嗅觉减弱，所以应在通风良好的情况下使用。有些药品(如苯、有机溶剂、汞等)能透过皮肤进入人体，应避免与皮肤接触。氰化物、高汞盐、可溶性钡盐($BaCl_2$)、重金属盐(如镉、铅盐)、三氧化二砷等剧毒药品，应妥善保管，使用时要特别小心。禁止在实验室内喝水、吃东西。饮食用具不要带进实验室，以防毒物污染，离开实验室前要洗净双手。

2. 防爆

可燃气体与空气混合比例达到爆炸极限时，受到热源(如电火花)的诱发，就会引起爆炸。一些气体的爆炸极限见表 1–1。

因此使用可燃性气体时，一方面要尽量防止气体逸出，室内通风要良好，不使其形成可能发生爆炸的混合气体；另一方面在操作大量可燃性气体时，要严禁使用明火和可能产生电火花的电器，并防止其他物品撞击产生火花。

有些固体试剂如叠氮铝、乙炔银、高氯酸盐、过氧化物等受热或受到震动都易引起爆炸，使用时要特别小心。严禁将强氧化剂和强还原剂放在一起；久藏的乙醚使用前应除去其中可能产生的过氧化物；进行容易引起爆炸的实验时，应有防爆措施。

表 1-1　与空气相混合的某些气体的爆炸极限(20 ℃，1 个大气压下)

气体	爆炸高限/ (%体积分数)	爆炸低限/ (%体积分数)	气体	爆炸高限/ (%体积分数)	爆炸低限/ (%体积分数)
氢	74.2	4.0	乙酸	—	4.1
乙烯	28.6	2.8	乙酸乙酯	11.4	2.2
乙炔	80.0	2.5	一氧化碳	74.2	12.5
苯	6.8	1.4	水煤气	72.0	7.0
乙醇	19.0	3.3	煤气	32.0	5.3
乙醚	36.5	1.9	氨	27.0	15.5
丙酮	12.8	2.6			

3. 防火

许多有机溶剂如乙醚、乙醇、丙酮等非常容易燃烧，大量使用时室内不能有明火、电火花或静电放电，且不可过多存放这类试剂，用后还要及时回收处理，不可倒入下水道，以免聚集引起火灾。另外，有些物质如磷、金属钠、钾及比表面积很大的金属粉末(如铁、锌、铝等)在空气中易氧化自燃，这些物质要隔绝空气保存，使用时要特别小心。

实验室如果着火不要惊慌，应根据情况立即进行灭火，同时防止火势蔓延(如采取切断电源，移走易燃品等措施)。常用的灭火剂有：水、沙、二氧化碳灭火器、四氯化碳灭火器、泡沫灭火器和干粉灭火器等。可根据起火的原因选择使用，以下几种情况不能用水灭火：

(1)金属钠、钾、镁、铝粉、电石、过氧化钠着火，应用干沙灭火。

(2)密度比水小的易燃液体，如汽油、苯、丙酮等着火，可用泡沫灭火器。

(3)有灼烧的金属或熔融物的地方着火时，应用干沙或干粉灭火器。

(4)电器设备或带电系统着火，可用二氧化碳或四氯化碳灭火器。

4. 防灼伤

强酸、强碱、强氧化剂、溴、磷、钠、钾、苯酚、冰醋酸等都会腐蚀皮肤，尤其要防止溅入眼内，使用时除了要有防护措施外，实验者一定要按照规定操作。实验室还有高温灼伤(如电炉、高温炉)和低温冻伤(如干冰、液氮)等危险，在进行这些操作时都应按规定操作。一旦灼伤应及时治疗。

三、汞的安全使用

汞中毒分为急性中毒和慢性中毒两种。急性中毒多为高汞盐(如 $HgCl_2$，0.1~0.3 g 即可致死)入口所致。吸入汞蒸气会引起慢性中毒，症状为食欲不振、恶心、便秘、贫血、骨骼和关节疼、精神衰弱等。汞蒸气的最大安全浓度为 0.1 mg·m^{-3}，而 20 ℃时汞的饱和蒸气压约为 0.16 Pa，超过安全浓度 100 倍。所以使用汞必须严格遵守下列操作规定：

(1)储汞的容器要用厚壁玻璃器皿或瓷器，在汞面上加盖一层水，避免让汞直接暴露于空气中。

(2)一切转移汞的操作，应在装有水的浅瓷盘内进行。装汞的仪器下面一律放置浅瓷盘，防止汞滴散落到桌面上和地面上。万一有汞掉落，要先用吸汞管尽可能将汞珠收集起来，然后把硫黄粉撒在汞溅落的地方，并摩擦使之生成 HgS，也可用 $KMnO_4$ 溶液使其氧化。擦过汞或汞齐的滤纸或布必须放在有水的瓷缸内。

(3)实验前要检查装汞的仪器是否放置稳固。橡皮管或塑料管连接处要缚牢。

(4)盛汞器皿和有汞的仪器应远离热源，严禁把有汞仪器放进烘箱。

(5)使用汞的实验室应有良好的通风设备。

(6)手上若有伤口，切勿接触汞。

四、意外事故处理

1. 化学灼烧处理

(1)酸(或碱)灼伤皮肤，立即用大量水冲洗，再用碳酸氢钠饱和溶液(或 1%~2% 乙酸溶液)冲洗，最后再用水冲洗，涂敷氧化锌软膏(或硼酸软膏)。

(2)酸(或碱)灼伤眼睛时，不要揉搓眼睛，立即用大量水冲洗，再用 3% 的硫酸氢钠溶液(或用 3% 的硼酸溶液)淋洗，然后用蒸馏水冲洗。

(3)碱金属氰化物、氢氰酸灼伤皮肤时，先用高锰酸钾溶液洗，再用硫化铵溶液漂洗，然后用水冲洗。

(4)溴灼伤皮肤时，立即用乙醇洗涤，然后用水冲净，涂上甘油或烫伤膏。

(5)苯酚灼伤皮肤时，先用大量水冲洗，再用体积比为 4∶1 的乙醇(70%)与氯化铁(1 mol·L^{-1})的混合液洗涤。

2. 割伤和烫伤处理

(1)割伤 若伤口内有异物，先取出异物后，用蒸馏水洗净伤口，然后涂上红药水并用消毒纱布包扎，或贴创可贴。

(2)烫伤 立即涂上烫伤膏，切勿用水冲洗，更不能把烫起的水泡戳破。

3. 毒物与毒气误入口、鼻内

(1)毒物误入，立即内服 5~10 mL 稀 $CuSO_4$ 温水溶液，再用手指伸入咽喉促使呕吐毒物。

(2)刺激性、有毒气体吸入或误吸入煤气等有毒气体时，立即移至室外呼吸新鲜空气；误吸入溴蒸气、氯气等有毒气体时，立即吸入少量乙醇和乙醚的混合蒸气，以便解毒。

4. 触电

若有人触电，应立即拉下电闸，必要时进行人工呼吸。当所发生的事故较严重时，做了上述急救后应速送医院治疗。

5. 起火

(1)小火可用湿布、石棉布或砂子覆盖燃烧物；大火应使用灭火器，而且需根据不同的着火情况，选用不同的灭火器，必要时应报火警(119)。

(2)油类、有机溶剂着火切勿用水灭火，小火用砂子或干粉覆盖灭火，大火用二氧化碳灭火器灭火，也可用干粉灭火器或 1211 灭火器灭火。

(3)精密仪器、电器设备着火 切断电源、小火可用石棉布或湿布覆盖灭火，大火用四氯化碳灭火器灭火，也可用干粉灭火器或 1211 灭火器灭火。

(4)活泼金属着火，可用干燥的细砂覆盖灭火。

(5)纤维材质着火，小火用水降温灭火，大火用泡沫灭火器灭火。

(6)衣服着火应迅速脱下衣服或用石棉覆盖着火处或卧地打滚。

第五节　物理化学实验误差及数据表达

物理化学实验通常是在一定条件下测定系统的一种或几种物理量的大小，然后利用计算或作图的方法将所得数据进行归纳整理，找出变量间的规律，得到所需的实验结果。在测定过程中，由于所用仪器、测量方法、条件控制和实验者观察局限等因素的影响，都会使测量值与真值之间存在着一个差值，称为测量误差。实践表明一切实验测量的结果都具有这种误差，严格来讲真值是无法测得的。换句话说，任何测量都不可能绝对准确，误差是必然存在的。因此，应该了解实验过程中误差产生的原因及出现的规律，以便采取相应措施减少误差。另外，通过误差的分析，可以寻找较合适的实验方法，选择适当精度的仪器，寻求测量的最有利的条件。在物理化学实验课中，要求学生能根据误差理论来科学地分析和处理实验数据，并能正确地表达实验结果，培养正确分析归纳实验结果的能力，这也是衡量学生掌握实验技能的一项重要指标。

一、误差的分类

根据误差的性质及其产生的原因，可将误差分为 3 类：系统误差、随机误差和过失误差。

1. 系统误差

系统误差又称恒定误差，是由于某些比较确定的、始终存在的但又未发觉或未认知的因素而引起的误差。这些因素影响的结果永远朝一个方向偏离，其大小及符号在同一类实验中完全相同，多次测量也不会相互抵消。

系统误差产生的主要原因有：

(1)仪器误差 来源于仪器本身不够精确，如温度计、移液管、滴定管的刻度不够准确，天平砝码不准等。这种误差可以通过一定的检定方法发现并进行校正。

(2)试剂误差 由于所用试剂纯度不够而引起的误差，如蒸馏水中含有被测物质或干扰物质。

(3)方法误差 测量方法所依据的理论不完善或使用近似公式造成的误差，如滴定分析中反应进行不完全、干扰离子的影响、副反应的发生、指示剂选择不当等。

(4)个人误差 是由进行测量的操作人员的习惯和特点引起的误差，如判断滴定终点时，颜色偏深或偏浅；读取刻度值时，观察视线偏高或偏低。

2. 随机误差

由于某些无法控制的不确定性因素的随机(偶然)波动而形成的误差称为随机误差(又称偶然误差)。表现在所测数据的末一位或末二位数字上有差别。随机误差的产生,可能是因为环境温度、湿度、气压的微小波动;仪器性能的微小变化;电压、电流的变化;以及操作过程上的微小差别等。这种误差具有不可测性和不可避免性。实践经验证明,在相同条件下多次测量同一物理量,当测量次数足够多时,出现随机误差数值相等、符号相反的几率近乎相等。因此,通过增加测量次数可使随机误差减小到某种程度。

3. 过失误差

过失误差是由于操作者的失误所造成的,如读错刻度、记录错误、加错试剂、溅失溶液等。过失误差无规律可循,只要实验者认真操作、加强责任心就可以避免。发现有此种误差产生,所得数据应予以剔除。

二、实验误差的表示方法

1. 误差

误差为测定值(x)与真值(μ_0)之差。误差代表着测定结果的准确度。准确度指测定值与真值接近的程度,测定值与真值越接近,说明误差越小,准确度越高。

误差分为绝对误差和相对误差:

$$E_a = x - \mu_0 \tag{1}$$

$$E_r = \frac{E_a}{\mu_0} \times 100\% = \frac{x - \mu_0}{\mu_0} \times 100\% \tag{2}$$

式中,E_a是绝对误差;E_r是相对误差;x是测定值;μ_0是真值。

由于相对误差也就是测量单位量所产生的误差[例如,对 100.0 m 材料的测量,结果为 100.1 m,则 $E_r = (100.1-100.0)/100.0 = 0.001$,即每测量 1 m 的长度产生 0.001 m 的误差],所以对于不同的测定,只有相对误差才具有可比性,这就使相对误差更具有实用意义。

虽然说真值是存在的,但由于误差难免,真值难得,因此,一般常取多次测定结果的算术平均值作为最后的测定结果。此时:

$$E_a = \bar{x} - \mu_0 \tag{3}$$

$$E_r = \frac{E_a}{\mu_0} \times 100\% = \frac{\bar{x} - \mu_0}{\mu_0} \times 100\% \tag{4}$$

式中,$\bar{x}$是算术平均值。若 n 次测定结果依次为 x_1, x_2, $\cdots$, x_i, $\cdots$, x_n,则有

$$\bar{x} = \frac{1}{n}(x_1 + x_2 + \cdots + x_i + \cdots + x_n) = \frac{1}{n}\sum_{i=1}^{n} x_i = \frac{1}{n}\sum x_i \tag{5}$$

2. 偏差

偏差(d_i)是单个测量值与平均值之差。它表示测定结果的精密度,精密度是指各测定值之间相互符合的程度。如果各测定值彼此接近、集中,或波动性小、离散性小,则偏差就小,精密度也就高。

（1）单个偏差

$$d_i = x_i - \bar{x} \tag{6}$$

（2）平均偏差

$$\bar{d} = \frac{1}{n} \sum |d_i| = \frac{1}{n} \sum |x_i - \bar{x}| \tag{7}$$

由误差的性质知道，当 n 很大时单个偏差的代数和为零，所以，取单个偏差的绝对值的平均值为平均偏差。

平均偏差虽然是表示偏差较好的方法，但其缺点是无法表示出各次测量间彼此符合的情况。因为在一组测量中偏差彼此接近的情况下与另一组测量中偏差有大中小 3 种情况下，所得平均值可能相同，如 4.9、5.0、5.1 和 3.0、5.0、7.0 这两组值，其平均值都是 5.0 一样。

（3）标准偏差　标准偏差不仅是一组测量中各个观测值的函数，而且对一组测量中的较大偏差和较小偏差感觉比较灵敏，故标准偏差是表示精密度的最好方法。标准偏差用来衡量数据的离散程度，表示测量的精密度。其定义式为：

$$S = \sqrt{\frac{\sum (x_i - \bar{x})^2}{n-1}} \tag{8}$$

式中，S 是有限次测量的标准偏差；$n-1$ 称为自由度，即独立偏差的个数，因各偏差之和为零（$\sum d_i = 0$），所以，n 个偏差中只有 $n-1$ 个是独立的，剩下的一个将受到制约，不再独立。

物理化学实验中通常用平均偏差或标准偏差来表示测量的精确度。平均偏差的优点是计算简便，但用这种偏差表示时，可能会把质量不高的测量值掩盖住。引进标准偏差，数据更具严格性，得到的结果更可靠，在精密地计算实验误差时最为常用。测量结果可表示为 $\bar{x} \pm S$ 或 $\bar{x} \pm \bar{d}$，S 和 $\bar{d}$ 越小，表示测量的精度越高。

三、有效数字及其运算规则

有效数字就是实际能测量到的有实际意义的数字。它不仅反映了测量的"量"的多少，而且也反映了测量的准确程度。有效数字包括测量中所有完全确定的数字（不包括表示小数点位置的"0"）和末位可疑数字。有效数字的位数反映了测量的准确程度，它与测量中所用仪器有关。

例如：

分析天平　　　　1.325 4 g　　　　　五位有效数字
滴定管　　　　　21.50 mL　　　　　四位有效数字

有效数字越多，表明测量结果的准确度越高。若位数记得太多，则夸大了仪器的精度，过多的位数毫无意义；若位数记得太少，则没有表达测量的应有精度。

有关有效数字的表示方法及其运算规则综述如下：

（1）误差（绝对误差和相对误差）一般只有一位有效数字，至多不超过两位。

（2）任何一个物理量的数据，其有效数字的最后一位，在位数上应与误差的最后一位划齐。如 1.43 ± 0.01 是正确的，若写成 1.431 ± 0.01 或 1.4 ± 0.01，则意义不明确。

（3）若第一位的数值等于或大于 8，则有效数字的总位数可以多算一位。如 9.54 在运算时可以看作四位有效数字。

（4）0 到 9 都是有效数字，但 0 的作用是不同的。为了明确地表明有效数字，凡用 "0" 表明小数点位置的，通常用乘 10 的相当幂次来表示。如 0.001 25 应写作 1.25×10^{-3}，又如 26 800 cm，如实际测量只能取三位有效数字（第三位是由估计而得），则应写成 2.68×10^4 cm，如实际测量可量至第四位，则应写成 2.680×10^4 cm。

（5）有效数字的修约规则　"四舍六入五成双"。例如 8.454 要求保留三位有效数字，则舍弃 4，为 8.45；21.356 要求保留四位有效数字，则 6 进 1，为 21.36；31.745 1 要求保留四位有效数字，因凡是 5 后边还有数字就进 1，故为 31.75。如可舍入的数为 5，5 后边没数，其前一位若为奇数则进 1，若前一位为偶数就舍去，这样由于 5 的舍入概率各半，舍入误差恰好相互抵消，因此不会引入累积性舍入误差，弥补了四舍五入的缺陷。如 12.775，要求保留四位有效数字，则为 12.78；而 12.785，要求保留四位有效数字，则为 12.78。

（6）有效数字的运算规则　在加减运算中，其和与差所保留小数点后的位数应与各数中小数点后位数最少者相同；在乘除运算中，积与商的位数以百分误差最大或有效数字位数最少者为标准。在对数运算中，对数位数（首数除外）应与真数有效数字相同，如 $u = 326.5$，那么，$\lg u = 2.513\ 9$。对于如 π、$\sqrt{2}$ 及有关常数不受上述规则限制，其有效数字位数按实际需要取舍。若第一次运算结果需代入其他公式进行第二次或第三次运算时，则各中间数值可多取一位有效数字，以免引起误差积累，但最后结果仍保留应有的位数。

四、实验数据的表达

物理化学实验数据的表示法主要有两种方式：列表法和作图法。

1. 列表法

在物理化学实验中，多数测量至少包括两个物理量，应尽可能将这些实验数据用列表法表示出来，使得全部数据能一目了然，便于处理运算，容易检查，减少误差。

列表时应注意以下几点：

（1）表格名称　每一个表都应有简明而又完备的名称。

（2）行名与量纲　每行（或列）的开头一栏，都要列出物理量的名称和单位，并把二者表示为相除的形式，如 $t/℃$、p/Pa、T/K。因为物理量的符号本身是带有单位的，除以它的单位，即等于表中的纯数字。

（3）正确使用有效数字　每一行中的数字排列要整齐，应注意有效数字的位数，并将小数点对齐。

（4）指数形式的写法　表中的数值应尽量以科学计数法的形式表示，用指数来表示数据中小数点的位置时，为简便起见，可将公共的乘方因子写在开头一栏与物理量符号相乘的形式，并为异号。

（5）可以将原始数据和处理结果列在同一表中，但应以一组数据为例，在表格下面列出算式，写出计算过程。

例如，液体饱和蒸气压测定实验的原始数据见表 1-2。

表 1-2　不同温度下乙醇的饱和蒸气压表

$t/℃$	20.3	25.4	30.5	35.6	40.5
p/kPa	6.95	8.50	10.78	14.40	18.36

将表 1-2 进行数据处理后的结果列于表 1-3 中。

表 1-3　$\ln p$ 与 $\dfrac{1}{T}$ 关系表

$\dfrac{1}{T} \times 10^3 / K^{-1}$	3.41	3.35	3.29	3.24	3.19
$\ln p$	8.846	9.048	9.285	9.575	9.818

2. 作图法

列表法虽然简单，但不能反映出自变量和因变量之间连续变化的规律性。而利用作图法可以直观显示出变量间的依赖关系，利用图形表示实验数据及结果，有很多好处，它能直观显示出数据的特点，像极大点、极小点、转折点及其他周期性变化规律等；还能利用图形作切线、求斜率、求面积、内插值、外推值等。在物理化学实验中最常见的图形是直线，由直线可以求出斜率和截距，从而进一步计算其他物理量。

下面列出作图的一般步骤及原则：

(1)作图使用的工具是铅笔、直尺和曲线尺，直角坐标纸最为常用，在表达三组分体系相图时，常用三角坐标纸。

(2)用直角坐标纸作图时，习惯上以自变量为横轴，因变量为纵轴，画上坐标轴，并在轴旁注明该坐标轴所代表变量的名称及单位，在纵轴左面及横轴下面每隔一定距离写下该处变量应有之值，以便作图及读数，横轴与纵轴的读数不一定从零开始，视具体实验数据范围而定。

(3)坐标轴上比例尺的选择尤为重要。因为比例尺的改变，会引起曲线外形的变化。特别是对于曲线的一些特殊性质，如极大点、极小点、转折点等，比例尺选择不当会使这些特征在图形上显示不清楚。比例尺的选择应遵守下述规则：①要能表示出全部有效数字，以便使从图上读出的各物理量的精确度与测量时的精确度相一致；②坐标轴上每一小格(1 mm)所对应的数值应便于读数和计算，如0.5、1、2，不宜用3、7、9或小数；③要充分利用坐标纸的全部面积，使全图布局匀称合理；④若作的图形为直线或近乎直线，应使其倾斜角接近45°。

(4)作代表点　将测得的数据，以点描绘于图上，各点可用×、○、□等不同符号标出。点的大小应代表测量的精确度，若测量的精确度很高，这些符号应作得小些，反之就大些。在同一个图上如有几组不同的测量值时，各测量值代表点应用不同符号表示，以示区别。

(5)连线　描出各点后，借助于曲线尺或直尺辅助画出尽可能接近于实验点的曲线。曲线应光滑均匀，细而清晰，曲线不必强求通过所有各点，只要求各点均匀分布在曲线两侧，并且各点与曲线间距离应尽可能小且近于相等。

(6)写图名　曲线作好后，应写上清楚完备的图名。有时图线为直线而欲求斜率时，应在直线上取两点，平行于横、纵轴画上虚线，并加以计算。

五、实验数据的计算机处理

在物理化学实验数据处理中，经常需要线性甚至非线性拟合实验数据。采用坐标纸手工作图，主观随意性大，耗时长，尤其是连线时结果不能保证唯一且人为误差大。利用计算机软件 Excel 或 Origin 进行数据拟合已成为处理实验数据的主要方法，包括作直线、曲线，求斜率、截距等，所得结果准确且唯一，有利于客观评价学生实验结果的优劣。

下面以“电导滴定”实验的数据处理为例，介绍 Excel 软件线性拟合(作直线)的操作步骤。

(1)在 Excel 工作表中输入实验数据，如图 1-1 所示。数据可以按行输入，也可以按列输入。

实验四　电导滴定

NaOH滴定HCl										
V_{NaOH}/mL	1.05	2.00	3.12	4.08	5.04	6.10	7.20	8.05	9.00	10.08
κ /mS/cm	3.11	2.63	2.12	1.681	1.519	1.822	2.13	2.33	2.69	2.91

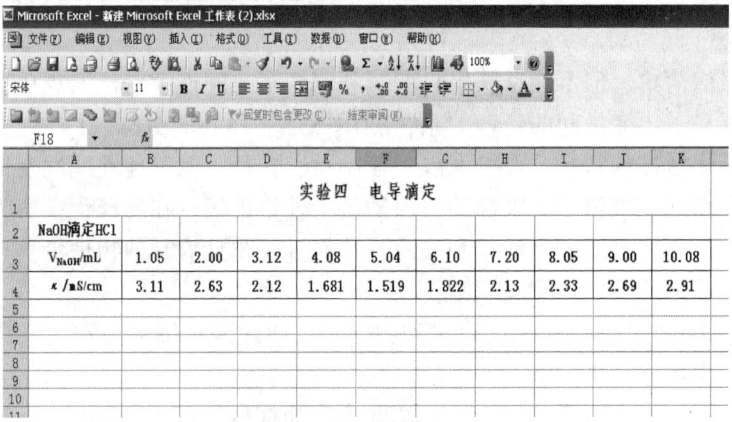

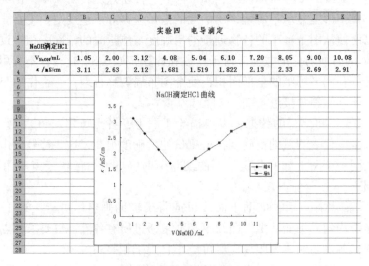

图 1-1　数据输入

(2)在“插入”菜单中选择“图表”或直接单击工具栏中“图表向导”按钮，选中“XY 散点图”，依次按各步骤提示完成相应操作。计算机自动生成的图往往并不规范，需要对图形的大小、坐标轴的刻度范围、比例尺以及字体字号进行修改或重新设定，以达到美观规范。处理结果如图 1-2 所示。

图 1-2　作散点图

（3）在图中单击选中需要进行线性拟合的系列，在"图表"菜单中选中"添加趋势线"，在"类型"中选择"线性"，在"选项"中选择"显示公式""显示 R 平方值"，如图 1-3 所示。

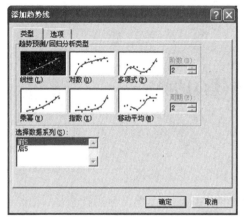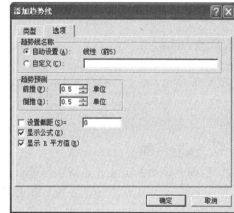

图 1-3　线性拟合

可由线性相关系数 R^2 是否接近于 1 判断出实验数据的误差大小。如图 1-4 所示，比较两个图中直线的相关系数 R^2，可以看出前 4 后 6 的分组方式（$R^2=0.999\,4$、$0.996\,1$）线性好于前 5 后 5 的分组方式（$R^2=0.978\,8$、$0.993\,0$）。

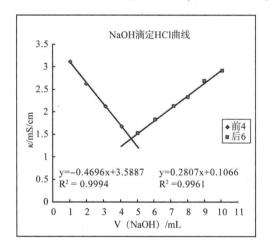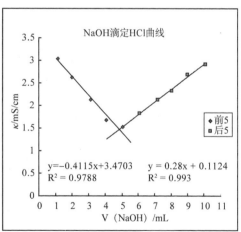

图 1-4　不同分组方式线性拟合的结果比较

第二章 基础性实验

实验1 燃烧热(焓)的测定

一、实验目的

1. 明确燃烧热的定义，了解恒压燃烧热与恒容燃烧热的区别；
2. 掌握有关热化学实验的一般知识和测量技术，学会测定萘的燃烧热；
3. 了解氧弹式热量计的原理、构造及使用方法；
4. 学会用雷诺图解校正温度改变值的方法。

二、基本原理

根据热化学的定义，1 mol 物质完全氧化(完全燃烧)时的反应热称为燃烧热。所谓完全氧化，对燃烧产物有明确的规定。例如，化合物中的 C 变为 CO_2(气)、H 变为 H_2O(液)、S 变为 SO_2(气)、N 变为 N_2(气)、Cl 变为 HCl 水溶液等。燃烧热的测定，除了有其实际应用价值外，还可以用于求算化合物的生成热、键能等。

热量法是热力学的一个基本实验方法。在恒容或恒压条件下可以分别测得恒容燃烧热 Q_V、恒压燃烧热 Q_p。由热力学第一定律可知，Q_V 等于体系的热力学能变化 ΔU；Q_p 等于其焓变 ΔH。若把参加反应的气体和反应生成的气体都视为理想气体，则它们之间存在以下关系：

$$Q_p = Q_V + \Delta nRT \tag{1}$$

$$\Delta H = \Delta U + \Delta(pV) \tag{2}$$

式中，Δn 是产物与反应物中气体物质的量之差；R 是气体常数；T 是反应温度。

若测得某物质的恒容燃烧热 Q_V，则可求得恒压燃烧热 Q_p。恒压燃烧热通常用 ΔH 表示。

热量计的种类很多，本实验所用氧弹热量计是一种环境恒温式的热量计，其安装如图 2-1 所示。氧弹热量计的基本原理是能量守恒定律。为了保证样品完全燃烧，氧弹中须充以高压氧气或其他氧化剂。因此，氧弹应有很好的密封性、耐高压、耐腐蚀性。氧弹放在一个与室温一致的恒温套壳中。盛水桶与套壳之间有一个高度抛光的挡板，以减少热辐射和空气的对流。样品完全燃烧所释放的能量使氧弹本身及其周围的介质和热量计有关附件的温度升高。测量介质在燃烧前后温度的变化值，按式(3)计算出样品的恒容燃烧热。

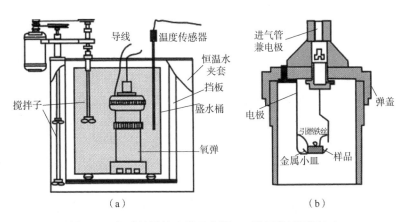

图 2-1　氧弹热量计安装示意图(a)及氧弹剖面图(b)

$$-\frac{m}{M}Q_V-m_{丝}\cdot Q_{丝}=(m_{水}\cdot C_{水}+C_{计})\Delta T \tag{3}$$

式中，m 和 M 分别是样品的质量和相对分子质量；Q_V 是样品的恒容燃烧热；$m_{丝}$ 和 $Q_{丝}$ 分别是引燃用铁丝的质量和燃烧热；$m_{水}$ 和 $C_{水}$ 分别是以水为测量介质时水的质量和比热容；$C_{计}$ 是热量计的水当量；ΔT 是样品燃烧前后水温的变化。

热量计的水当量是指除水之外，热量计温度每升高 1℃ 所需的热量，可以通过已知燃烧热的标准物(如本实验用苯甲酸)来标定，已知热量计的水当量后，就可以通过实验测定其他物质的燃烧热。

三、仪器与试剂

仪器：XRY-1A 数显氧弹式热量计 1 套、VCY-4 充氧器 1 台、压片机 1 台、直尺 1 把、剪刀 1 把、氧气钢瓶 1 只、分析天平 1 台、万用表 1 个、1 000 mL 容量瓶 1 个、2 000 mL 容量瓶 1 个。

试剂：苯甲酸(分析纯)、萘(分析纯)、引燃专用铁丝。

四、实验步骤

1. 苯甲酸燃烧热(水当量)的测定

(1)用台秤称取 0.8~1.0 g 苯甲酸，在压片机上压成圆片，防止充气时冲散样品，使燃烧不完全，造成实验误差。注意样品不要压得太紧或太松，样片压得太紧，点火时不易全部燃烧；压得太松，样品容易脱落。

(2)将压好片的样品在干净的玻璃上轻击 2~3 次，再用分析天平精确称量。

(3)拧开氧弹盖，将氧弹内壁擦干净。搁上金属小皿，小心将样品片放置在小皿中部。剪取 10 cm 长的引燃铁丝并用分析天平精确称量，在直径约 3 mm 的玻璃棒上将其中段绕成螺旋形(约 4~5 圈)。将螺旋部分紧贴在样片的表面，两端如图 2-1 固定在电极上。拧紧氧弹盖，用万用表检查两电极是否导通。若导通，则将氧弹放入充氧器底座上，使充气口对准充气器的出气口。打开氧气钢瓶总阀，调节减压阀(注意顺时针为开，逆时针为关)到 2.0~2.5 MPa。然后，按下充气器的手柄，充气 0.5~1 min，充气完成。

(4)用容量瓶准确量取已经调节到低于室温 1.0 ℃的自来水 3 L，倒入盛水桶内。将氧弹放入水桶中央，插好电极，盖上外桶盖，注意把测温探头对准水桶的孔中插入。打开电源，在仪器控制面板上按下"搅拌"按钮，恒温搅拌。待温度稳定上升后按下复位按钮，并开始计数，每隔 30 s 记录一次温度。记录 10 次后，按下"点火"按钮，继续每隔 30 s 记录温度数据。大概 30 s 后，显示温度(温差)开始迅速上升，表明样品点火成功。如果点火 1~2 min 后，显示温度仍未有显著变化，表明点火失败，需打开氧弹，查找原因，排除故障。等显示温度达到最大值后，再测几组数据，即可结束本次测定过程。一般点火后需要记录 28~30 次。

(5)实验结束后，关闭搅拌器，取出温度探头，拔下电极，再取出氧弹，用放气阀缓缓放出残余气体。拧开弹盖，检查样品燃烧是否完全。氧弹中应没有明显的燃烧残渣，否则应重做实验。将燃烧后剩下的铁丝在分析天平精确称量，最后，倒掉量热计内桶的水，擦干氧弹和盛水桶待用。

2. 测量萘的燃烧热

称取 0.6 g 左右的萘，按上述方法进行测定。全部实验完毕后，关闭电源，倒出盛水桶中的水，擦干氧弹单体内壁。放掉氧气减压阀和总阀间的余气，关闭氧气瓶总阀。

五、注意事项

(1)本实验所用的仪器比较复杂和精密，实验前必须详细了解它的性能及使用方法，严格遵守操作规程。

(2)苯甲酸必须经过干燥，受潮样品不易点燃且称量有误。压片时，不能太实(紧)，否则不易点燃；也不宜太松，否则样品脱落，称量不准。

(3)氧气遇油脂会爆炸。因此，氧气减压阀、氧弹以及氧气通过的各部件、各连接部分不允许有油污，更不许使用润滑油。

(4)电极切勿与燃烧皿接触，燃烧丝与燃烧皿亦不能相碰，以免引起短路。

(5)氧弹放入内桶中后如有气泡，说明氧弹漏气，应设法排除故障。

(6)进行萘的燃烧热测量时需要重新调节水温和量取水的体积。

(7)测水当量和测有机物燃烧热时，一切条件必须完全一样。

(8)仪器应放置在不受阳光直射的实验室内进行工作，室内温度和湿度应尽可能变化小，每次测定时室温变化不得大于±1 ℃，室内禁止使用各种热源，如电炉或电暖气等。

六、数据处理

(1)将在水当量及燃烧热中测得的温度与时间的关系分别列表并作 T–t 图。

(2)作苯甲酸和萘燃烧的雷诺温度校正图，并确定实验中的 ΔT。

本实验中的氧弹热量计，虽然采取了一些绝热措施，但它仍不是严格的绝热系统，加之带进的搅拌热、放热传热速率的限制，因此需用雷诺图解法对温度进行校正。在测定的前期和后期体系与环境间温度的变化不大，交换能量较稳定，而反应期温度改变较大，体系和环境的温度差随时改变，交换的热量也不断改变，很难用实验数据直接求算，合理的方法是根据不同时间测得的温度作温度-时间曲线，即雷诺曲线(图2-2)。

图2-2中 B 点相当于燃烧的起点，C 点为观察到的最高温度，作相当于室温的平行线 T_mM 交曲线于 M 点。过 M 点作 t 轴的垂线 ab，然后将 AB 线和 DC 线外延交 ab 线于 E 和 F 两点，EF 间的温度差值即为经过校正的 ΔT。

图2-2中 EE' 为开始燃烧到温度上升至室温这一段时间 Δt_1 内，因环境辐射和搅拌引进的能量而造成温度的升高，必须扣除。FF' 为温度由室温升高到最高点 C 这一段时间 Δt_2 内，热量计因向环境辐射出能量而造成的温度降低，故须添加上。由此可见，EF 两点的温度差较为客观地表示了样品燃烧时热量计温度升高的数值。

有时热量计的绝热情况良好，热漏小，但由于搅拌不断的引进少量能量使燃烧后的最高点不出现，如图2-3所示，这时 ΔT 仍可按相同的方法校正。

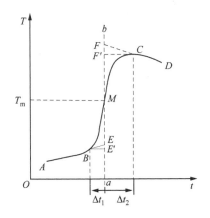

图2-2　雷诺温度校正图

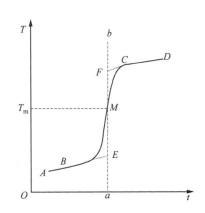

图2-3　绝热良好时的雷诺温度校正图

(3)由 ΔT 计算热量计的水当量。

苯甲酸的恒压燃烧热为 $-3\,226.8\ \mathrm{kJ\cdot mol^{-1}}$；引燃铁丝的燃烧热为 $-6\,694.4\ \mathrm{J\cdot g^{-1}}$。

(4)计算萘的恒容燃烧热 Q_V，并计算其恒压燃烧热 Q_p。

七、讨论

关于化学反应热效应的测定已有悠久的历史，它为后来热力学理论的建立奠定了实验基础，如今对于这方面工作的系统研究已成为物理化学的一个分支——热化学。

量热技术是物理化学的一项重要实验技术，近年来，其在测量方法、技术以及仪器设备方面都有较大发展。对于有气体参与且热效应较大的化学反应，如燃烧反应，通常用弹式热量计进行测量，其量热手段是通过高精度的温差测量实现的，而温差的测量多采用雷诺温度校正法。

量热法广泛用于测量各种反应热，如相变热等。本实验装置除可用作测定各种有机物质、燃料、谷物等固体、液体物质的燃烧热外，还可以研究物质在充入其他气体时反应热效应的变化情况。

在本实验中，计算萘的燃烧热时，可不考虑点火丝的影响，这主要基于以下两点：其一，$m_{丝}$ 和 $Q_{丝}$ 与样品相比数值均较小；其二，在苯甲酸和萘的两次计算中，可以相互抵消一部分点火丝的影响，例如，0.8 g 的苯甲酸热效应为 21 168 J，本实验使用的点火丝为 0.008 1 g，完全燃烧的热效应为 54 J，仅占苯甲酸热效应的 0.26%。

氧弹中少量的 N_2 与 O_2 反应生成 HNO_3 并溶于水也能放出少量的热量，因而使测量结果产生误差。对于精确的量热实验，其校正方法是在氧弹中加入 10 mL 蒸馏水，用 NaOH 溶液滴定其中的 HNO_3，每毫升 $0.1\ mol \cdot L^{-1}$ 的滴定液相当于产生 5.983 J 的热值(放热)。

量热计的类型很多，分类方法也不统一，常用的有环境恒温式和绝热式热量计两种。绝热式量热计的外筒中有温度控制系统，在实验过程中，内筒与外筒温度始终相同或始终相差 0.3℃，热损失可以降低到微小程度，因而可直接测出初温和最高温度。

八、预习题

1. 水当量的含义是什么？实验测热量计的水当量采用什么样的办法？
2. 加入内筒中的水为什么要选择比室温或恒温水夹套的水温低 1 ℃？
3. 固体样品为什么要压成片状？若不压片，实验能否进行？
4. 为什么要控制苯甲酸的质量不超过 1 g、萘的质量为 0.6 g 左右？
5. 精确称量前为什么要将样品轻击 2~3 下，然后再称量？

九、预习测试题

1. 在燃烧热的测定实验中，我们把(　　)作为体系。
A. 氧弹　　　　　　　　　　　　B. 氧弹式热量计
C. 氧弹和量热筒内的水　　　　　　D. 被测的燃烧物
2. 在氧弹式热量计测定燃烧热的实验中，下列说法不正确的是(　　)。
A. 粉末样品可直接用于燃烧
B. 为使燃烧完全，氧弹中充入的氧气需足量
C. 氧弹式热量计可用于测定可燃液体样品的燃烧热
D. 在精密测量中实验测得的温差值需要进行校正
3. 实验中需要用作图法求取反应前后真实的温度改变值，主要是因为(　　)。
A. 氧弹热量计绝热，必须校正所测温度值
B. 温度变化太快，无法准确读数
C. 校正体系和环境热交换的影响
D. 消除由于略去有酸形成放出的热而引入的误差
4. 在若要测定样品在 293 K 时的燃烧热，则在实验时应该(　　)。
A. 将环境温度调至 293 K　　　　　B. 将外套中水温调至 293 K
C. 将内筒中 3 000 mL 水调至 293 K　　D. 无法测定指定温度下的燃烧热
5. 实验室常用的气体钢瓶颜色分别是(　　)。
A. N_2 瓶黑色，H_2 瓶绿色，O_2 瓶蓝色　　B. N_2 瓶蓝色，H_2 瓶绿色，O_2 瓶黑色
C. N_2 瓶绿色，H_2 瓶蓝色，O_2 瓶黑色　　D. N_2 瓶黑色，H_2 瓶蓝色，O_2 瓶绿色

十、思考题

1. 本实验中，哪些为体系？哪些为环境？实验过程中有无热损耗，如何减小？
2. 搅拌太快或太慢有何影响？

3. 试分析实验中哪些因素更容易造成实验误差？为什么用雷诺校正图解法进行温度校正？

十一、实验数据记录表

将所测数据填入表 2-1。

表 2-1 实验数据记录表

室温：_____℃   水温：_____℃

样品	苯甲酸				萘			
称量	样品质量：_____g 点火丝质量：_____g 残余点火丝质量：_____g				样品质量：_____g 点火丝质量：_____g 残余点火丝质量：_____g			
	时间	温度	时间	温度	时间	温度	时间	温度
初期								
反应期								
末期								

实验 2 中和热(焓)的测定

一、实验目的

1. 了解中和热的概念；
2. 了解用热量计来直接测定化学反应焓变的实验方法和操作技能；
3. 测定乙酸与氢氧化钠的中和热，并求乙酸的解离热。

二、基本原理

在一定温度和浓度下，酸和碱进行中和反应时产生的热效应称为中和热。对于强酸和强碱，由于它们在水中完全解离，中和反应实质上是 H^+ 与 OH^- 的反应。因此在浓度足够低的条件下，不同的强酸强碱中和热几乎是相同的。例如在 25℃ 时进行一个单位反应的热化学方程式为

$$H^+ + OH^- \longrightarrow H_2O \qquad \Delta_r H_m^{\ominus} = -57.36 \text{ kJ} \cdot \text{mol}^{-1} \qquad (1)$$

对于弱酸和强碱进行的中和反应，情况有所不同。以乙酸(CH_3COOH)的中和反应为例，因乙酸的解离度很小，故可以认为是 CH_3COOH 与 OH^- 进行的中和反应。因中和热 $\Delta_r H_m$ 只取决于始终态，而与过程无关，所以可将其设计为 CH_3COOH 的解离反应和 H^+ 与 OH^- 生成水两步进行：

$$CH_3COOH + OH^- \xrightarrow{\Delta_r H_m} H_2O + CH_3COO^-$$

$$\Delta_r H_{解离} \downarrow \qquad\qquad\qquad\qquad \uparrow \Delta_r H_{中和}$$

$$\longrightarrow H^+ + CH_3COO^- + OH^-$$

根据盖斯定律，可得下式：

$$\Delta_r H_m = \Delta_r H_{解离} + \Delta_r H_{中和} \tag{2}$$

即

$$\Delta_r H_{解离} = \Delta_r H_m - \Delta_r H_{中和} \tag{3}$$

本实验利用热量计分别测定盐酸与氢氧化钠中和反应的 $\Delta_r H_{中和}$，以及乙酸与氢氧化钠中和反应的 $\Delta_r H_m$，利用式(3)即可求得乙酸的解离热 $\Delta_r H_{解离}$。

本实验采用电热法标定热量计常数 K，对热量计施以电压 $U(V)$、电流强度 $I(A)$，并通过 $t(s)$ 后，使热量计温度升高 ΔT，则根据焦耳定律可得热量计常数 K 为

$$K = \frac{UIt}{\Delta T} \tag{4}$$

K 的物理意义是热量计每升高 1 K 时所需的热量，它是热量计中的水及各部分元件的热容之和。等量酸碱反应的中和热 $\Delta_r H_{中和}$ 及 $\Delta_r H_m$，均可由下式计算：

$$\Delta_r H_m = -\frac{K \Delta T}{cV} \times 1\,000 \tag{5}$$

式中，c 是酸(或碱)溶液的初始浓度($mol \cdot L^{-1}$)；V 是酸(或碱)溶液的体积(mL)。

三、仪器与试剂

仪器：热量计(包括杜瓦瓶、电热丝、储液管、磁力搅拌器) 1 套、精密直流稳压电源 1 台、精密数字温度温差仪 1 台、量筒 500 mL、50 mL 各 1 个、洗耳球 1 个。

试剂：1 mol·L⁻¹HCl 溶液、1 mol·L⁻¹NaOH 溶液、1 mol·L⁻¹CH₃COOH 溶液。

四、实验步骤

1. 热量计常数 K 的测定

热量计装置如图 2-4 所示。

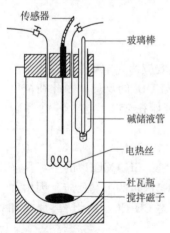

传感器 — 玻璃棒 — 碱储液管 — 电热丝 — 杜瓦瓶 — 搅拌磁子

图 2-4 热量计示意图

用布擦净杜瓦瓶，量取 500 mL 蒸馏水注入其中，放入搅拌磁子，调节适当的转速，轻轻塞紧瓶塞。将精密直流稳压电源的两输出引线分别接在电热丝的两接头上，将传感器插入量热计中(不要与加热丝相碰)。打开电源开关，调节输出电压和电流(电压为2 V左右即可)，然后将其中一根接线断开。按下精密数字温度温差仪开关，片刻后按一下"采零"键，再设定"定时"60 s，此后每分钟记录一次温差值，当记下第 10 个读数时，立刻将稳压电源断开的接线接上，此时即为加热的开始时刻，并连续记录温差，根据温度变化的大小可调整读数的间隔，但必须连续计时。在通电过程中必须保持电流强度和电压恒定，并记录其数值。

待温度升高 0.8~1.0 ℃时，取下加热丝一端的夹子，并记录通电时间 t。继续搅拌，每间隔一分钟记录一次温差，测 10 个点为止。

用作图法求出由于通电而引起的温度变化 ΔT_1(用雷诺校正法确定)。

2. 中和热的测定

将杜瓦瓶中的水倒掉，用干布擦净，重新用量筒取 400 mL 蒸馏水注入其中，然后加入 50 mL 1 mol·L^{-1} 的 HCl 溶液。再取 50 mL 1 mol·L^{-1} 的 NaOH 溶液注入碱储液管中，仔细检查是否漏液，然后将玻璃棒插入储液管中。调节适当的转速，每分钟记录一次温差，记录 10 min。然后用玻璃棒将储液管的胶塞捅掉，加入碱溶液（不要用力过猛，以免使玻璃棒碰到杜瓦瓶的内壁而损坏仪器）。继续每隔 1 min 记录一次温差（注意整个过程时间是连续记录的，如温度上升很快可改为 30 s 记录一次温差）。加入碱溶液后，温度上升，待体系中温差几乎不变并维持一段时间即可停止测量（约 15 min），用作图法确定 ΔT_2。

3. 乙酸解离热的测定

用 1 mol·L^{-1} 的 CH_3COOH 溶液代替 HCl 溶液，重复上述操作，求出 ΔT_3。

五、注意事项

（1）储液管出液口一定要用凡士林堵严，以防其内部溶液漏出。

（2）反应开始后，还应用洗耳球向储液管内吹气 2~3 次，以使酸碱混合均匀，中和反应进行完全。

（3）在 3 次测量过程中，应尽量保持测定条件的一致。如水和酸碱溶液体积的量取，搅拌速度的控制，初始状态的水温等。

（4）实验所用的 1 mol·L^{-1} NaOH、HCl 和 CH_3COOH 溶液应准确配制，必要时可进行标定。

（5）实验所求的 $\Delta_r H_{中和}$ 和 $\Delta_r H_m$ 均为一摩尔反应的中和热，因此当 HCl 和 CH_3COOH 溶液浓度非常准确时，NaOH 溶液的用量可稍稍过量，以保证酸完全被中和。反之，当 NaOH 溶液浓度准确时，酸可稍稍过量。

（6）在电加热测定温差 ΔT_1 过程中，要注意经常察看功率是否保持恒定，此外，若温度上升较快，可改为每半分钟记录一次温度。

（7）在测定中和反应时，当加入碱液后，温度上升很快，要读取温差上升所达的最高点，若温度是一直上升而不下降，应记录上升变缓慢的开始温度及时间，只有这样才能保证作图法求得 ΔT 的准确性。

六、数据处理

（1）用作图法求出 ΔT_1，计算热量计常数 K。

（2）根据热量计常数 K 及作图法求得的 ΔT_2、ΔT_3 分别计算出 $\Delta_r H_{中和}$ 及 $\Delta_r H_m$。

（3）由 $\Delta_r H_{中和}$ 及 $\Delta_r H_m$ 计算出乙酸摩尔解离热 $\Delta_r H_{解离}$。

七、讨论

化学反应的热效应包括生成热、燃烧热、溶解热、稀释热、离子生成热等，其中由生成热、燃烧热计算热效应只适用于纯物质之间的化学反应，对于在稀溶液中进行的离子反应，需用离子生成热计算反应的热效应，而中和热的测定可以为此方面的研究提供最基本的实验数据。

中和热不仅与温度、压力有关，还与所处的浓度有关，因此在阐述中和热时必须注明温度和酸碱的浓度（压力的影响，通常可忽略），一般中和热的文献值为 $T = 298.15$ K 时无限稀释中和反应的热效应，而本实验所用的 NaOH 和 HCl 溶液并非无限稀释。

本实验也可以通过强酸强碱反应的 $\Delta_r H_{中和}$ 来标定热量计常数 K，从理论上讲，这种标定法优于电热法。在本实验浓度范围内 NaOH 和 HCl 在温度 T 时的中和热为

$$\Delta_r H_{中和} = -57\ 111.6 + 209.2(T - 298.15)\ \text{J} \cdot \text{mol}^{-1} \tag{6}$$

可以将式(6)中的 $\Delta_r H_{中和}$ 和 ΔT_2 代入式(5)中计算 K 值，然后计算乙酸的中和热及解离热，比较一下与电热法计算的差异。

从理论上讲，还有其他影响实验结果的因素，如机械搅拌使体系接受了非体积功，从而使 $\Delta_r H = Q_p$ 不能严格成立；水的热容与中和后溶液的热容稍有差别。

八、思考题

1. 实验中为什么不能迅速搅拌而是要均匀缓慢地搅拌？
2. NaOH 溶液用量或多或少，对实验测得的盐酸中和热是否有影响？
3. 要提高综合热测定的准确性，实验时应注意什么？

实验 3　溶液偏摩尔体积的测定

一、实验目的

1. 理解偏摩尔量的物理意义；
2. 掌握用比重瓶测定溶液密度的方法；
3. 测定指定组成的乙醇−水溶液中各组分的偏摩尔体积。

二、基本原理

在多组分体系中，某组分 B 的偏摩尔体积定义为

$$V_{B,m} = \left(\frac{\partial V}{\partial n_B} \right)_{T,p,n_{C(C \neq B)}} \tag{1}$$

对于二组分体系，则有

$$V_{1,m} = \left(\frac{\partial V}{\partial n_1} \right)_{T,p,n_2} \tag{2}$$

$$V_{2,m} = \left(\frac{\partial V}{\partial n_2} \right)_{T,p,n_1} \tag{3}$$

根据偏摩量的集合公式，体系总体积

$$V = n_1 V_{1,\mathrm{m}} + n_2 V_{2,\mathrm{m}} \tag{4}$$

将式(4)两边同除以溶液质量 m，得

$$\frac{V}{m} = \frac{m_1}{M_1}\frac{V_{1,\mathrm{m}}}{m} + \frac{m_2}{M_2}\frac{V_{2,\mathrm{m}}}{m} \tag{5}$$

式中，m_1 和 m_2 分别是溶液中组分 1 和组分 2 的质量；M_1 和 M_2 分别是溶液中组分 1 和组分 2 的相对分子质量。令

$$\frac{V}{m} = \alpha, \quad \frac{V_{1,\mathrm{m}}}{M_1} = \alpha_1, \quad \frac{V_{2,\mathrm{m}}}{M_2} = \alpha_2 \tag{6}$$

式中，α 是溶液的比容(即单位质量的物质所占有的容积)；α_1 和 α_2 分别是溶液中组分 1 和组分 2 的偏质量体积。将式(6)代入式(5)可得

$$\alpha = \omega_1 \alpha_1 + \omega_2 \alpha_2 = (1-\omega_2)\alpha_1 + \omega_2 \alpha_2 = \alpha_1 + (\alpha_2 - \alpha_1)\omega_2 \tag{7}$$

式中，ω_1 和 ω_2 分别是溶液中组分 1 和组分 2 的质量分数。将式(7)对 ω_2 微分：

$$\frac{\partial \alpha}{\partial \omega_2} = -\alpha_1 + \alpha_2 \tag{8}$$

即

$$\alpha_2 = \alpha_1 + \frac{\partial \alpha}{\partial \omega_2} \tag{9}$$

将式(9)代回式(7)，整理得

$$\alpha_1 = \alpha - \omega_2 \frac{\partial \alpha}{\partial \omega_2} \tag{10}$$

和

$$\alpha_2 = \alpha + \omega_1 \frac{\partial \alpha}{\partial \omega_2} \tag{11}$$

所以，实验求出不同浓度溶液的比容 α，作 α-ω_2 关系图，得曲线 CC'(图 2-5)。

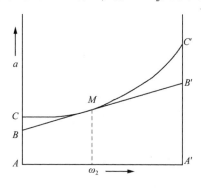

图 2-5 α-ω_2 关系图

如欲求 M 浓度溶液中各组分的偏摩尔体积，可在 M 点作切线，此切线在两边的截距 AB 和 $A'B'$ 即为 α_1 和 α_2，再由式(6)就可以求出 $V_{1,\mathrm{m}}$ 和 $V_{2,\mathrm{m}}$。

三、仪器与试剂

仪器：恒温槽 1 套、50 mL 磨口锥形瓶 4 个、电子天平(公用)、分析天平(公用)、10 mL 比重瓶 2 个。

试剂：无水乙醇(分析纯)、蒸馏水。

四、实验步骤

(1)调节恒温槽温度为(25.0±0.1) ℃。

(2)配制溶液　以无水乙醇及蒸馏水为原液，在磨口锥形瓶中用电子天平称重，配制含乙醇质量分数为 0%、20%、40%、60%、80%、100%的乙醇水溶液，每份溶液的总体积控制在 40 mL 左右。配好后盖紧塞子，以防挥发。

(3)比重瓶体积的标定　用分析天平精确称量两个预先洁净烘干的比重瓶，然后盛满蒸馏水置于恒温槽中恒温 10 min。用滤纸迅速擦去毛细管膨胀出来的水。取出比重瓶，擦干外壁，迅速称重。平行测量两次。

(4)溶液比容的测定　按上法测定每份乙醇–水溶液的比容。

五、注意事项

(1)恒温过程中应密切注意毛细管出口液面，如因挥发毛细管内液柱下降，可及时滴加被测溶液。

(2)拿比重瓶时应手持其颈部。

(3)实验过程中毛细管里始终要充满液体，注意不得存留气泡。

(4)溶液要现配现用，以减少挥发误差。

(5)为减少挥发误差，操作时动作要敏捷。每份溶液用两比重瓶进行平行测定或每份样品重复测定两次，结果取平均值。

六、数据处理

(1)根据 25℃时水的密度和称重结果，求出比重瓶的容积。

(2)根据所得数据，计算所配溶液中乙醇的准确质量分数 $\omega_{乙醇}$。

(3)计算实验条件下各溶液的比容 α。

(4)以比容 α 为纵轴、乙醇的质量分数 $\omega_{乙醇}$ 为横轴作曲线。并用计算机对上述曲线进行拟合，求得 $\alpha=f(\omega_{乙醇})$ 二项式函数。

(5)根据所得 $\alpha=f(\omega_{乙醇})$ 二项式函数和式(10)和式(11)，分别计算 30%、70%乙醇溶液的 α_1 和 α_2。然后计算含乙醇 30%、70%的溶液中各组分的偏摩尔体积及 100 g 该溶液的总体积。

七、讨论

比重瓶可用于测定液体和固体的密度。

1. 液体密度的测定

(1)将比重瓶洗净干燥，称量空瓶重 m_0。

（2）取下毛细管塞，将已知密度 $\rho_1(t\ ℃)$ 的液体注满比重瓶。轻轻塞上毛细管塞，让瓶内液体经由管塞毛细管溢出，注意瓶内不得留有气泡，将此比重瓶置于 $t\ ℃$ 的恒温槽中，使水面浸没瓶颈。

（3）恒温 10 min 后，用滤纸迅速吸去管塞毛细管口溢出的液体。将比重瓶从恒温槽中取出（注意只可用手拿瓶颈处）。用吸水纸擦干瓶外壁后称其总重为 m_1。

（4）用待测液冲洗净比重瓶后（如果待测液与水不互溶时，则用乙醇洗两次后，再用乙醚洗一次后吹干），注满待测液。重复上述（2）和（3）的操作步骤，称得总重为 m_2。

（5）根据下式计算待测液的密度 $\rho_2(t\ ℃)$：

$$\rho_2(t\ ℃)=\frac{m_2-m_0}{m_1-m_0}\rho_1(t\ ℃)$$

2. 固体密度的测定

（1）将比重瓶洗净干燥，称量空瓶重 m_0。

（2）注入已知密度 $\rho_1(t\ ℃)$ 的液体（注意该液体应不溶解待测固体，但能够浸没它）。

（3）将比重瓶置于恒温槽中恒温 10 min，用滤纸吸去毛细管塞、毛细管口溢出的液体。取出比重瓶擦干外壁，称重为 m_1。

（4）倒去液体将瓶吹干，装入一定量研细的待测固体（装入量视瓶大小而定），称重为 m_2。

（5）先向瓶中注入部分已知密度为 $\rho_1(t\ ℃)$ 的液体，将瓶敞口放入真空干燥器内，用真空泵抽气约 10 min，将吸附在固体表面的空气全部除去。然后向瓶中注满液体，塞上塞子。同步骤（3）恒温 10 min 后称重为 m_3。

（6）根据下式计算待测固体的密度 $\rho_S(t\ ℃)$：

$$\rho_S(t\ ℃)=\frac{m_2-m_0}{m_1-m_0-(m_3-m_2)}\rho_1(t\ ℃)$$

八、思考题

1. 比重瓶的用途有哪些？
2. 使用比重瓶应注意哪些问题？
3. 如何使用比重瓶测量粒状固体物的密度？
4. 为提高溶液密度测量的精度可做哪些改进？

实验 4　纯液体饱和蒸气压的测定

一、实验目的

1. 学习和掌握测定蒸气压的实验方法；
2. 熟悉温度与蒸气压的关系——克拉贝龙-克劳修斯方程式；

3. 学会用图解法求被测液体在实验温度范围内的平均摩尔汽化热。

二、基本原理

纯液体的饱和蒸气压是指在一定温度下，气液两相处于平衡状态时的蒸气压力。

处于一定温度下的纯液体，其中动能大的分子可以从液面逸出至液面上空间变成蒸气，与此同时，也会有蒸气分子碰击液面而回到液体中。在一定温度下，密闭容器中液面分子逸出的速度与蒸气分子返回速度可以达到相等，即达到气液平衡。此时液面上的蒸气压力称为该液体在此温度时的饱和蒸气压力，简称蒸气压。

由相律 $f = C - P + 2 = 1$ 可知，纯液体的饱和蒸气压随温度改变而改变。当纯液体的蒸气压与外界压力相等时，液体便沸腾，此时的温度称为沸点；当外压为 101.325 kPa 时，液体的沸点称为正常沸点。

气体的存在遵循气体状态方程 $pV = nRT$。混合气体的蒸气压力等于各组成气体分压之和，即 $p_{混合} = p_1 + p_2 + \cdots$。

克拉贝龙-克劳修斯用热力学方法推导出蒸气压与温度的关系式为：

$$\ln p = -\frac{\Delta_{vap} H_m}{RT} + C \tag{1}$$

式中，p 是蒸气压力；T 是绝对温度；$\Delta_{vap} H_m$ 是摩尔汽化热；R 是气体常数；C 是积分常数。

所以，只要测得不同温度下液体的蒸气压，$\ln p$ 对 $1/T$ 作图，可得一条直线，由直线的斜率可求得实验温度范围内该液体的平均摩尔汽化热。

测定饱和蒸气压常用的方法有动态法、静态法、饱和气流法。本实验采用静态法，即将被测物质放在一个密闭体系中，在不同的温度下直接测量其饱和蒸气压，此方法适用于蒸气压比较大的液体。

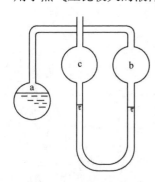

静态法所用的平衡管如图 2-6 所示。它是由 3 个相连的玻璃球 a、b 和 c 组成。a 球称为试液球，用来贮存待测液体，b、c 球中的待侧液体在底部用玻璃管连通，bc 连接部分称为等压计。当 a、b 球的上部纯粹是待测液体的蒸气，b、c 球之间的 U 形管中液面在同一水平时，则表示加在 b 管液面上的蒸气压与加在 c 管液面上的外压相等，此时液体的温度即是体系的气液平衡温度(沸点)。

测定时需要先将 a 与 b 之间的空气抽尽，然后从 c 的上方缓慢放入空气，使等压计 bc 两端的液面平齐，且不再发生变

图 2-6　平衡管示意图

化时，则 ab 之间的蒸气压即为此温度下被测液体的饱和蒸气压，因为此饱和蒸气压与 c 上方的压力相等，而 c 上方的压力可由压力器直接读出，这样便得到一个温度下的饱和蒸气压数据。当升高温度时，因待测液体饱和蒸气压增大，则等压计内 b 液面逐渐下降，c 液面逐渐上升，同样从 c 的上方再缓慢放入空气以保持 bc 两液面的平齐，则可测定其他温度下的饱和蒸气压。

三、仪器与试剂

仪器：饱和蒸气压测定实验仪 1 套(包括平衡管、SYP 玻璃恒温水浴、DP-A 精密数字压力计、缓冲储气罐、管路连接盒)、真空泵及附件、带刻度一端封闭的 U 形玻璃管 1 支、电炉 1 个、2 000 mL 烧杯 1 只、电动搅拌器 1 台、胶头滴管 2 支、电子温度计 1 支(0~100 ℃，分辨率 0.1 ℃)。

试剂：乙醇(分析纯)、蒸馏水。

四、实验步骤

1. 直接法测定乙醇的饱和蒸气压

(1)按图 2-7 所示将实验装置连接组装好。

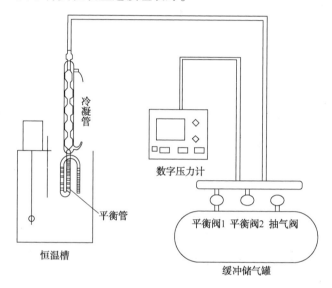

图 2-7　液体饱和蒸气压测定装置示意图

(2)压力计采零　开启仪器电源，打开平衡阀 2(放气阀)，使缓冲储气罐与室内大气相通，仪器面板显示压力接近于 0，按下"采零"键，仪器显示"00.00"；同时开启另一台数字大气压计(实验室边台)，并记下此时的大气压数值。

(3)装置气密性检查　关闭平衡阀 2(放气阀)，打开抽气阀及平衡阀 1，打开真空泵电源开关之前需关闭安全缓冲瓶上的泄压开关，开始抽气，当压力计真空度示数在 -80 ~ -60 kPa 区间时，关闭抽气阀(注意：不是关闭真空泵)，观察压力计的数值变化情况，若波动值小于 0.01 kPa/s，说明整体气密性良好；否则需查找并清除漏气原因，直至合格。

(4)调节恒温水浴温度到预设温度(比现有水温高约 5 ℃)，接通冷凝水，打开抽气阀，继续用真空泵抽气减压，使试液球与 U 形等压计之间的空气呈气泡状逸出，让 U 形等压计内的乙醇沸腾 3~4 min 以赶尽平衡管中的空气，然后关闭抽气阀和平衡阀 1。关闭真空泵电源开关之前需先打开安全缓冲瓶上的泄压开关。

(5)慢慢打开平衡阀 2(放气阀)，平衡管内乙醇逐渐不再沸腾，中间管内的液面缓慢下降(注意：调节时要缓慢，不要让空气倒灌)，当 U 形等压计两侧液面慢慢变到相平时立即关闭平衡阀 2(放气阀)，读取真空度示数。(如果放气过快导致中部液面偏低，可缓慢打开平衡阀 1 稍微抽气减压后，重新调节。如果放气过多导致发生空气倒灌，则需要打开抽气阀及平衡阀 1，对系统重新抽真空 3~4 min 后关闭抽气阀和平衡阀 1，重新调节。)

（6）同一温度下，重复测定 3 次。缓慢打开平衡阀 1，稍微减压使平衡管中的液体再次沸腾数秒后关闭平衡阀 1，依步骤(5)调节，读取真空度示数。

（7）调节恒温槽温度，每升高 3℃，恒定 3 min，依步骤(5)(6)同法测定，共测量 6 个温度。

（8）测定结束后，关闭冷凝水，缓慢打开平衡阀 1 和平衡阀 2(放气阀)，使缓冲储气罐上、下两部分泄压至接近于零后即可关闭此两阀，关闭仪器电源开关。

2. 间接法测定水的饱和蒸气压

（1）向 U 形管中加入适量蒸馏水，并在封口一端捕集 4~5 mL 空气。

（2）按图 2-8 所示安装好仪器，烧杯中水量适当，确保 U 形管封口一端始终浸没在水面以下，不能露出水面。在开动搅拌器之前应确认其下端的金属叶片与玻璃 U 形管、电子温度计探头间隔一定的安全距离，以免损坏仪器。用电炉加热烧杯中水浴至 77℃ 左右时，停止加热。电炉余热会使水浴温度升至 80℃ 左右，待水浴温度下降时，开始读取气体体积和温度，每下降 4℃，记录一次，每次记录前 U 形管两侧液面要相平，可以用滴管吸至水平或加入蒸馏水至水平。读取气体体积和水浴温度时应尽量保持同步。当温度下降至 50℃ 时停止读数，共测量 8 组数据。

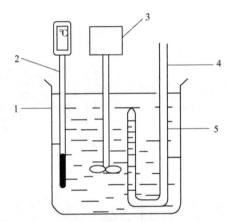

图 2-8　间接法测定水的蒸气压装置示意图
1. 2 000 mL 大烧杯　2. 电子温度计　3. 电动搅拌器
4. U 形管　5. 热水浴

（3）将烧杯中的温水倒掉，然后往其中加入自来水及适量的冰块，使水温冷却至 5℃ 以下，将步骤(2)中的 U 形管放入，开动搅拌器，待温度和气体体积基本稳定后，记录温度及体积。

（4）记录进行实验时的室温和大气压。

五、注意事项

（1）抽气速度要合适，防止平衡管内液体剧烈沸腾，致使 U 形管中的液体被抽干。

（2）调节 U 形管液面平衡时，一定不要将空气倒灌，否则体系需要重新抽真空。

（3）在实验过程中大气压会有波动，可采取分别测定实验开始和实验结束时的大气压，然后取其平均值。

六、数据处理

（1）列表法记录实验数据，利用大气压和压力计测得的真空度计算出不同温度下乙醇的饱和蒸气压。

(2)以 $\ln p$ 对 $1/T$ 作图，并由直线斜率计算乙醇的摩尔汽化热。

(3)利用公式 $n_{air}=pV_{air}/RT$ 计算所捕集空气的物质的量(5℃以下时，空气中水蒸气含量在1%以下，可以忽略)。在数据处理中，应将所有测量的体积减去 0.2 mL，以校正液体与气体界面形成气体倒置弯月面所造成的系统误差。然后利用公式 $p_{air}=n_{air}RT/V$ 计算出各测量温度下空气的分压，并由公式 $p_{vap}=p-p_{air}$ 计算各温度下水的饱和蒸气压。

(4)以 $\ln p_{vap}$ 对 $1/T$ 作图，求水的摩尔汽化热。

七、讨论

测定纯液体饱和蒸气压的方法有静态法、动态法、饱和气流法等，其中以静态法准确性较高。静态法适用于测定蒸气压较大的各种液体的饱和蒸气压。动态法适用于测定蒸气压较小的液体的饱和蒸气压。它是通过测定液体的沸点求出蒸气压与温度的关系，即利用改变外压测定不同的沸腾温度，从而得到不同温度下的蒸气压。对于沸点较低的物体，用此法测定其蒸气压与温度的关系较好。饱和气流法是在一定温度和压力下，将一定体积的空气(或惰性气体)以缓慢的速率流过一个易挥发的待测液体，空气被该液体蒸气饱和。分析混合气体中各组分的量以及总压，再按道尔顿分压定律求算混合气体中蒸气的分压，即是该液体的蒸气压。此法亦可测定固态易挥发物质(如碘)的蒸气压，它的缺点是通常不易达到真正的饱和状态，因此实测值偏低。

八、预习题

1. 在直接法测定中，为什么要防止空气倒灌？在操作上应如何避免？

2. 在直接法测定中，能否在加热情况下检查体系的气密性，是否漏气？

3. 在间接法测定中，常温下捕集的空气为 4~5 mL，太多或太少有何缺点？

4. 在间接法测定中，是否可以采用在升温过程中进行测量？

九、预习测试题

1. 本实验温度在 50~80 ℃之间，所测得水的汽化热数据是( )。

A. 水在 50 ℃时的汽化热　　　　　　B. 水在 80 ℃时的汽化热

C. 该数值与温度无关　　　　　　　　D. 实验温度范围内汽化热的平均值

2. 在实验中读取气体体积时，如果 U 型管两侧液面未调节相平，高度相差了 1 cm，试估算一下对读数的影响程度(相对误差)约有( )。

A. 10%　　　　　　　　　　　　　　B. 1%

C. 0.1%　　　　　　　　　　　　　　D. 0.01%

3. 克劳修斯-克拉贝龙方程的适用条件是( )。

A. 有气体存在的两相平衡　　　　　　B. 气体可视为理想气体

C. 凝聚相体积可忽略不计　　　　　　D. 以上都对

4. 在实验降温过程中，某学生发现其 U 型管封口端顶部有少许露出液面，这会导致其测得的气体体积( )。

A. 偏大　　　　　　　　　　　　　　B. 偏小

C. 没有影响   D. 以上说法都不对

5. 在 100 ℃、标准大气压下，液态水与水蒸气的化学势的关系是(　　)。

A. $\mu(水) < \mu(气)$ B. $\mu(水) > \mu(气)$

C. $\mu(水) = \mu(气)$ D. 无法确定

十、思考题

1. 在直接法测定乙醇的饱和蒸气压实验中，为什么平衡管 a、b 之间的空气要赶尽？怎样判断空气已经被赶尽？如果平衡管 a、b 之间有空气，则对测定乙醇蒸气压有何影响？

2. 在间接法测定水的饱和蒸气压实验中，采用降温(80~50 ℃)过程中进行测量，有学生嫌水浴降温慢，采用向水浴中添加冰块或冷水来快速降温，这种操作的弊端是什么？

3. 本实验方法能否用于测定乙醇溶液的饱和蒸气压？为什么？

4. 本实验测得的摩尔汽化热和手册中的数据比较，相对误差来源主要有哪些？

十一、实验数据记录表

将直接法测定乙醇的饱和蒸气压所得数据填入表 2-2。

表 2-2　实验数据记录表

室温：＿＿＿＿℃　大气压：实验开始时＿＿＿＿kPa　　实验结束时＿＿＿＿kPa

温度 t/℃					
温度 T/K					
压力计真空度					
p					
$\ln p$					
$1/T$					

将间接法测定水的饱和蒸气压所得数据填入表 2-3。

表 2-3　实验数据记录表

室温：＿＿＿＿℃　大气压：实验开始时＿＿＿＿kPa　　实验结束时＿＿＿＿kPa

温度 t/℃					
温度 T/K					
V(原始值)/mL					
V(校正值)/mL					
p_{air}					
p_{vap}					
$\ln p_{vap}$					
$1/T$					

实验 5 完全互溶双液系沸点-组成图的绘制

一、实验目的

1. 学会用蒸馏法测定并绘制完全互溶双液系的沸点-组成图；
2. 进一步理解分馏原理；
3. 熟悉阿贝折光仪的使用。

二、基本原理

液体的沸点是指液体的蒸气压与外压相等时的温度。在一定的外压下，纯液体的沸点有确定的值。但对于完全互溶双液系来说，沸点不仅与外压有关，还与双液系的组成有关，即与双液系中两种液体的相对含量有关。完全互溶双液系蒸馏时的气相和液相组成并不相同。通常是在压力恒定下，将双液系沸点对其气相和液相组成作图，所得图形称为双液系沸点-组成图，即 $T-x$ 图。

完全互溶双液系的 $T-x$ 图有 3 种类型：①理想的双液系，其溶液沸点介于两纯物质沸点之间 \ [图 2-9(a) \]，如苯与甲苯体系；②各组分对拉乌尔定律发生负偏差，其溶液有最高沸点 \ [图 2-9(b) \]，如丙酮与氯仿体系；③各组分对拉乌尔定律发生正偏差，其溶液有最低沸点 \ [图 2-9(c) \]，如本实验选用的乙醇-环己烷体系。纵轴是温度，横轴表示组成(液体 B 物质的量分数 x_B)。图中 l 曲线以下是液相，g 线表示在液体沸点时与其平衡的气相组成。图 2-9(a)是一种最简单的双液系相图。若组成为 x_B(l)的液体加热至温度 t，液体开始沸腾，而此时与其相平衡组成则为 x_B(g)的气相冷凝后再蒸馏，所得到的气相中 A 的含量更大，反复蒸馏最后可得到纯 A。根据这个道理，将多次简单蒸馏组合起来即为分馏。分馏可以得到纯 A 及纯 B。

图 2-9(b)和(c)中，曲线出现了极值，极大或极小，极值处的温度称为恒沸点，具有恒沸点组成的溶液称为恒沸混合物，它的气相组成与液相组成完全一样，所以用简单蒸馏的方法只能得到纯 A 与恒沸混合物或纯 B 与恒沸混合物，而不能将 A 和 B 完全分开。

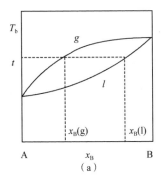 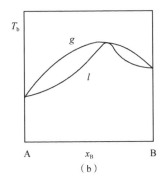 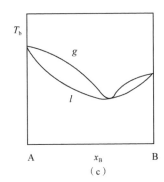

图 2-9 完全互溶双液系 $T-x$ 图

绘制完全互溶双液系的相图对了解此双液系的行为及分馏过程都有很大的实用价值。为了绘制相图，对两组分折光率相差较大的溶液，一般都采用折光率法。因溶液的折光率与其组成有关，因此首先要测定一系列已知浓度溶液的折光率，作出工作曲线，然后测定溶液沸点时的气–液两相的折光率，用内插法求出未知溶液的组成，分别绘制沸点与气相和沸点与液相组成图。

本实验采用一体化 FDY-II 型双液系沸点测定仪来完成相图的绘制，此套设备是将精密数字温度计、数字恒流源一体化设计，具有体积小，使用简便，显示清晰直观，实验数据稳定、可靠等特点。

三、仪器与试剂

仪器：蒸馏器 1 个、FDY-II 型双液系沸点测定仪、WYA-2WAJ 阿贝折光仪 1 台、胶头吸管(长、短)各 1 支、30 mL 移液管 1 支、15 mL 移液管 2 支、1 mL 移液管 2 支。

试剂：环己烷(分析纯)、无水乙醇(分析纯)。

四、实验步骤

(一)安装仪器设备

(1)按图 2-10 所示连接好玻璃沸点仪装置，将带有温度传感器和加热丝的橡胶塞塞紧蒸馏瓶口，注意装置接口处不可漏气，且传感器勿与加热丝接触。

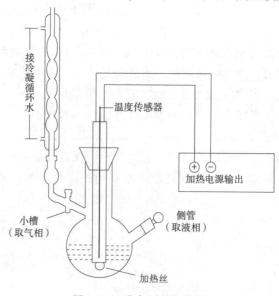

图 2-10　沸点测定仪装置

(2)接通冷凝水。

(二)测定

1. 测定环己烷–乙醇溶液的折光率–组成工作曲线

用阿贝(Abbe)折光仪分别测定质量分数 0%、10%、20%、40%、60%、80%、

100%的环己烷–乙醇溶液的折光率。用环己烷–乙醇溶液的组成对测得相应溶液的折光率作图，即得折光率–组成工作曲线。但简单的方法是只要测出纯乙醇及纯环己烷的折光率，用两点作一条直线即可得工作曲线，所以要求学生仅做此项工作。由于仪器的系统误差和实验条件的差异，所测折光率与附录给出的数值会略有偏差。

2. 测定不同体积比的环己烷–乙醇混合液的沸点及两相平衡时各自的组成

(1)量取 30 mL 乙醇从侧管加入蒸馏瓶内，并使传感器和加热丝浸入溶液内。打开电源开关，调节"加热电源调节"旋钮(电压为 12V 即可)，将液体加热至缓慢沸腾，待温度基本稳定后，记下溶液的沸点，停止加热。

(2)从侧管加入 1 mL 环己烷，用同样的方法测定沸点，但要在沸腾后温度接近稳定时，倾斜仪器，使小槽中液体全部流回，如此操作 2～3 次。待温度基本恒定后，记录沸点温度，切断电源，用两支干净的滴管分别取出蒸馏瓶中的液体和小槽处的气相冷凝液体几滴，立即测定其折光率，一般先测气相，然后测液相。

(3)再依次向蒸馏瓶中加入 2、3、4、20 mL 环己烷，做同样的实验。

(4)将蒸馏瓶内溶液倒入回收瓶中，用少量环己烷润洗 3 次，然后加入 30 mL 环己烷，测定沸点。然后依次加入 0.5、0.5、1、2、4、8 mL 乙醇，分别测定它们的沸点及气、液两相的折光率。

实验结束后，关闭仪器开关，拔出电源插头，关掉冷凝水，将溶液倒入回收瓶，让蒸馏瓶中残留液体自然挥发干净(无需用水洗涤)。

五、注意事项

(1)加热丝一定要浸没在被测液体中，否则通电加热时可能会引起有机液体燃烧。

(2)加热功率不能太大，加热丝上有小气泡逸出即可。

(3)温度传感器不能触碰到加热丝。

(4)一定要使体系达到平衡，即温度读数基本稳定后再停止加热，待溶液稍冷却后取样测定折光率。

(5)安装仪器时注意接口不可漏气。

六、数据处理

(1)列表记录所测各液体沸点及气、液相折光率。

(2)绘制工作曲线，并确定各溶液气、液相组成(简便而快速准确的方法是根据纯乙醇和纯环己烷的折光率，先得出混合液折光率 n_D 与乙醇物质的量分数 x_B 的线性方程，再代入实验数据计算 x_B)。

(3)作环己烷–乙醇体系的沸点–组成相图，并由图找出恒沸点及恒沸混合物组成。

七、讨论

(1)被测体系的选择　具有最低恒沸点的完全互溶双液体系很多，所选体系的沸点范围要适合，除环己烷–乙醇体系外，还可选用苯–乙醇体系、乙酸乙酯–乙醇体系、异丙醇–环己烷体系、水–正丙醇体系。有些教学实验选水–乙醇体系，二者沸点相差较大，可能会造成蒸馏气体到达冷凝管前，会有部分沸点较高的组分被冷凝，因而所测得气相成分可能并不代表真正的气相成分。

（2）沸点测定仪　仪器的设计必须考虑能方便取样，正确地测定沸点和分离气、液相。利用电阻丝在溶液内部加热，这样比较均匀，可减少过热、爆沸。沸点测定仪的蒸气冷凝部分的设计是关键之一。若气相液体收集球容积过大，会造成溶液的分馏；而过小会使取样太少而测定困难。连接冷凝管和圆底烧瓶之间的连管过短或位置过低，沸腾的液体就有可能溅入小球内；相反，则易导致沸点较高的组分先被冷凝下来。因此，只能使气相液体收集球位置尽量低、尽量小。

（3）组成的测定　本实验选用的环己烷和乙醇折光率相差较大，使用测定折光率来定出其组成的方法合适。折光率的测定有快速、简单、用样量少的优点，但是转移测量要迅速，否则气相易挥发，易产生较大误差。如果已知溶液的密度与组成的关系曲线也可以由测定密度来定出其组成，但这种方法往往需要较多的溶液量，而且费时。

八、预习题

1. 为什么加热丝一定要被测液体浸没？
2. 对于纯乙醇或纯环己烷，需要用沸点仪加热沸腾后分别取液相、气相测定各自的折光率吗？
3. 手册中查得纯乙醇和环己烷的沸点各是多少？根据热力学的克-克方程，估计实验室所处条件下，沸点会如何变化？
4. 测定折光率时，为什么先测气相，后测液相？顺序反过来可以吗？
5. 阿贝折光仪在使用时应注意什么？

九、预习测试题

1. 在测定环己烷-乙醇双液系的沸点组成图的实验中，是通过哪个物理量确定沸点组成图的(　　)。
   A. 折光率　　　　　　　　　　B. 电导率
   C. 旋光度　　　　　　　　　　D. 吸光度
2. 测量双液系沸点时什么时候读数最合理(　　)。
   A. 液体刚沸腾时　　　　　　　B. 长时间沸腾后
   C. 温度计的读数基本稳定时　　D. 小凹槽中刚有液体产生时
3. 在双液系气液平衡实验中，常选择测定物系的折光率来确定物系的组成，下列哪种选择的依据是不对的(　　)。
   A. 测定折光率，操作简单　　　B. 测量所需时间少，速度快
   C. 测定所需的试样量少　　　　D. 对任何双液系都能适用
4. 当压力固定时，完全互溶双液系达恒沸点时条件自由度为(　　)，恒沸点的温度有定值。
   A. 0　　　　　　　　　　　　B. 1
   C. 2　　　　　　　　　　　　D. 3

十、思考题

1. 每次加入蒸馏器中的溶液是否需要精确量取？

2. 有同学在分析实验误差的来源时，认为由于对被测溶液多次取样，导致溶液体积或浓度发生变化，从而影响到所作相图产生较大误差，这种认识对吗？为什么？

3. 如何判断气-液已达平衡状态？

4. 实验测得的沸点与手册中的沸点是否一致？为什么？

十一、实验数据记录表

将所测各液体沸点、气液相折光率及组成填入表2-4。

表 2-4　实验数据记录表

室温：_____　　大气压：_____

乙醇体积/mL	环己烷体积/mL	沸点/℃	液相组成		气相组成	
			n_D	x_B(乙醇)	n_D	x_B(乙醇)
30	0					
	1					
	2					
	3					
	4					
	20					
0	30					
0.5						
0.5						
1						
2						
4						
8						

实验6　凝固点降低法测定相对分子质量

一、实验目的

1. 明确溶液凝固点的定义及测定凝固点的正确方法；

2. 测定环己烷的凝固点降低值，计算萘的相对分子质量；

3. 掌握凝固点降低法测定相对分子质量的原理，加深对稀溶液依数性的理解。

二、基本原理

稀溶液具有依数性，凝固点降低是依数性的一种表现。

稀溶液的凝固点降低值与浓度的关系可以用下式表示：

$$\Delta T_f = K_f b_B \tag{1}$$

式中，ΔT_f 是溶液凝固点下降值；K_f 是凝固点降低常数；b_B 是溶质的质量摩尔浓度（$mol \cdot kg^{-1}$）。

设 m_A 克溶剂中溶有 m_B 克溶质，M_B 表示溶质的相对分子质量（$kg \cdot mol^{-1}$），则

$$b_B = \frac{m_B}{M_B m_A} \tag{2}$$

由以上两式得溶质的相对分子质量（$g \cdot mol^{-1}$）：

$$M_B = \frac{K_f m_B}{\Delta T_f m_A} \times 1\,000 \tag{3}$$

其中，K_f 只与溶剂的性质有关，表 2-5 给出了几种常用溶剂的常数值。

表 2-5   几种常用溶剂的相关常数

溶 剂	水	苯	环己烷
相对分子质量 $M_B/\times10^{-3}\ kg \cdot mol^{-1}$	18.025	78.11	84.16
凝固点 T_f/K	273.15	278.65	279.65
$K_f/K \cdot kg \cdot mol^{-1}$	1.86	5.12	20.2

凝固点降低值的多少，直接反映了溶液中溶质有效质点的数目。由于溶质在溶液中有离解、缔合、溶剂化和络合物生成等情况，这些均影响溶质在溶剂中的表观分子量。因此凝固点降低法可用来研究溶液的这些性质。

纯溶剂的凝固点是其液相与固相共存时的平衡温度。若将纯溶剂逐步冷却，其冷却曲线（步冷曲线）如图 2-11（a），但在实际过程中往往发生过冷现象，即在过冷而开始析出固体后，温度才回升到稳定的平衡温度。待液体全部凝固后，温度再继续下降，其冷却曲线如图 2-11（b）。

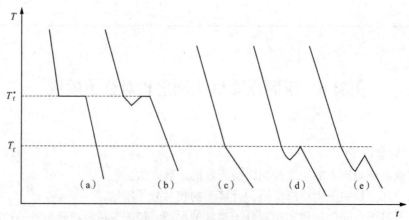

图 2-11 冷却曲线示意图

溶液凝固点的精确测量，难度较大。溶液的凝固点是该溶液的液相与溶剂的固相共存时的平衡温度，若将溶液逐步冷却，其冷却曲线与纯溶剂不同，如图 2-11（c）。由于部分溶剂凝固而析出，使剩余溶液的浓度逐渐增大，因而剩余溶液与溶剂固相的平衡温

度也逐渐下降。本实验要测定已知浓度的溶液的凝固点。因此，所溶出的溶剂固相的量不能太多，否则会影响原溶液的浓度。如稍有过冷现象，如图 2-11(d)，此时可将温度回升的最高值视为溶液的凝固点，对相对分子质量的测定无显著影响；如过冷现象严重，如图 2-11(e)，则测得的凝固点将偏低，必然会影响溶质相对分子质量的测定结果。因此在实验中必须设法控制适当的过冷程度，一般可通过控制寒剂的温度和搅拌速度等方法来达到，也可通过加晶种的办法来控制过冷程度。

由于稀溶液的凝固点降低值不大，因此温度的测量需要用较精密的仪器，也是影响相对分子质量测定准确性的关键因素。在本实验中采用精密温差测量仪，以保证温度测量的准确性。

三、仪器与试剂

仪器：SWC-LG$_D$ 型凝固点测定仪 1 套(图 2-12，分辨率 0.001 ℃)、分析天平(精度 0.001 g)1 台、电子温度计 1 支(分辨率 0.1 ℃)、25 mL 移液管 1 支。

试剂：萘(分析纯)、环己烷(分析纯)、碎冰。

图 2-12　SWC-LG$_D$ 型凝固点测定仪

四、实验步骤

1. 开机准备工作

(1)插好电源插头，打开电源开关，此时温度显示窗口显示厂名、网址及联系电话，数秒后显示实时温度、温差值。

(2)先将仪器的放水口橡胶管用止水夹夹紧以使冰浴的水不致流出，向冰浴槽中加入冰水混合液，直至冰水上部液面与视窗上沿位置平齐。

(3)安装凝固点管　将空气套管放入冰水浴中紧固好，凝固点管、温度传感器探头以及内管搅拌棒均需清洁和干燥。

2. 测定

(1)纯溶剂凝固点初测　用移液管吸取 25 mL 环己烷放入洁净干燥的凝固点测定管中，将温度传感器及搅拌器插入凝固点管中，然后盖紧测定管。注意：传感器应插入与凝固点测定管管壁平行的中央位置，插入深度至测定管的底部。将测定管插入初测口，并用橡胶塞盖好空气套管，手动搅拌。在搅拌过程中观察温差显示值，其值应是先下降至过冷温度，然后急剧升高至最高点，出现降低趋势前，记下最高温差值(此即为溶剂的初测凝固点)。

(2)精测溶剂凝固点　取出凝固点管，在室温下手动搅拌(冬季室温较低时可用手稍微焐热)，使管中的固体完全融化，擦干管外的水后插入空气套管中，再将搅拌棒挂在横连杆上，将搅拌速度置于慢速挡位，调节凝固点管盖(内管搅拌棒)到合适位置，使搅拌自如，缓慢搅拌使温度均匀下降，每间隔 15 s 记下温差值。记录温差值上升的最高点，当温差值下降时，再记录 3~5 次即可。按上述步骤再重复测定两次。

(3)溶液凝固点的测定　取出凝固点管，用手稍捂热，搅拌使管中固体完全融化后，放入已精确称量的萘(0.150~0.200 g)，待其完全溶解后，重复步骤(1)，先初测溶液的凝固点，再重复步骤(2)，测得该溶液的凝固点。重复测定 3 次。

3. 关机

(1)实验结束后，关掉电源开关，拔下电源插头。

(2)清洗　取出样品管，将样品溶液倒入指定回收瓶中，并用少量环己烷洗涤样品管 3 次，洗涤液倒入回收瓶，将清洗过的样品管在气流烘干器上热风烘干；将冰浴放水口橡胶管止水夹取下，放出冰水。

五、注意事项

(1)凝固管、搅拌器、温度计探头均要保持干净、干燥，防止环己烷中混入水分。

(2)搅拌速度要适中，每次测定应按要求的速度搅拌，并且测溶剂与溶液凝固点时搅拌条件要尽力保持基本一致。

(3)实验过程中，尤其是后期测定溶液凝固点时，可间断性补充适量的碎冰，使寒剂温度基本保持不变。

(4)精确凝固点的测定是在空气套管中进行的，降温速度比较缓慢，为了节省降温所消耗的时间，可以将纯溶剂或稀溶液在一个温度比其凝固点高 1~2℃ 的冷水中先预冷却。但应注意冷水的温度不要低于所测凝固点的温度，以避免在未放入空气套管中精确测定之前已经有晶体析出。

(5)测定凝固点过程中，如观察到液体温度一直下降、未出现过冷现象，通常是因为在预冷却时未充分搅拌，温度未控制好，凝固点管壁已经有少量晶体析出，故在空气套管中测定时就不再出现过冷现象，遇到此种情况需要重新进行测定。

六、数据处理

(1)根据环己烷密度与温度的关系，$\rho(\mathrm{g}\cdot\mathrm{cm}^{-3}) = 0.797\,1 - 0.887\,9\times10^{-3}t(℃)$，计算室温下其密度，然后计算出 25 mL 环己烷的质量 m_A。

(2)由测定的纯溶剂、溶液凝固点 T_f^*、T_f，计算萘的相对分子质量，并判断萘在环己烷中的存在形式。

(3)计算测定结果的相对误差。

七、讨论

"凝固点降低法测定相对分子质量"是一个有着百年历史的经典实验，它不仅是一种简便、准确的测量溶质相对分子质量的方法，而且在溶液热力学研究和实际应用中都有着重要的意义，因此迄今为止几乎所有的物理化学实验教材中都会涉及这个实验。

　　由于测量仪器的精密度的限制，被测溶液的浓度并非符合规定的假定要求，此时所测得的溶质相对分子质量将随着溶液浓度的不同而变化。为了获得比较准确的相对分子质量数据，通常用外推法，即以所测的相对分子质量为纵坐标，以溶液浓度为横坐标，外推至溶液浓度为零时，可得到比较准确的相对分子质量数据。

　　市售的分析纯环己烷一般会吸收空气中的水蒸气，并含有微量的杂质，因此实验前需用高效精馏柱蒸馏精制，并用 5A 分子筛进行干燥。而且，高温、高湿季节不宜安排此实验，水蒸气易进入测量系统从而影响测定结果。

　　本实验选用环己烷而未选用苯作溶剂，因为环己烷的 $K_f = 20.2$，苯的 $K_f = 5.12$，前者比后者大 4 倍，且前者毒性小。

八、预习题

1. 稀溶液的依数性指的是什么？

2. 加入溶剂中的溶质量应如何确定？加入量过多或过少将会对实验结果产生何种影响？

3. 实验应用凝固点降低法测定相对分子质量在选择溶剂时应考虑哪些问题？

4. 为何有过冷现象？

九、预习测试题

1. 凝固点降低法测定相对分子质量仅适用于下列哪一种溶液(　　)。

A. 浓溶液　　　　　　　　　　B. 稀溶液

C. 非挥发性溶质的稀溶液　　　D. 非挥发性非电解质的稀溶液

2. 在 -5℃、$p^\ominus$ 下，水的化学势 $\mu(1)$ 与冰的化学势 $\mu(s)$ 的关系是(　　)。

A. $\mu(1) = \mu(s)$　　　　　　B. $\mu(1) > \mu(s)$

C. $\mu(1) < \mu(s)$　　　　　　D. 无法确定

3. 在测定凝固点时，选择记录温差值而不是记录温度值，是因为(　　)。

A. 担心温度值太大　　　　　　B. 温差值更精确

C. 方便　　　　　　　　　　　D. 区别于温度

4. 在 25℃ 室温和大气压力下，用凝固点降低法测定相对分子质量，若所用的纯溶剂是苯，其正常凝固点为 5.5℃，比较适合作为寒剂的是(　　)。

A. 冰-水　　　　　　　　　　B. 冰-盐水

C. 干冰-丙酮　　　　　　　　D. 液氮

5. 含非挥发性溶质的双组分稀溶液的凝固点比纯溶剂的凝固点(　　)。

A. 高　　　　　　　　　　　　B. 低

C. 相等　　　　　　　　　　　D. 不能确定

十、思考题

1. 冷却过程中，凝固点管内液体有哪些热交换存在？它们对凝固点测定有何影响？

2. 为什么要使用空气套管？

3. 此法测得萘的相对分子质量常比理论值（128.17 g·mol^{-1}）偏低，原因是什么？

十一、实验数据记录表

将所测数据填入表 2-6 中。

表 2-6　实验数据记录表

环己烷温度：_____℃　环己烷的密度：_____g·cm^{-3}

环己烷的质量 m_A =_____g　溶质（萘）的质量 m_B =_____g

系统	凝固点/℃	ΔT_f	M_B	相对误差
	(1)			
环己烷	(2)		平均值	
	(3)			
	(1)			
溶液	(2)		平均值	
	(3)			

实验 7　液相平衡

一、实验目的

1. 掌握低浓度下铁离子与硫氰酸根离子生成硫氰合铁络离子液相反应平衡常数的测定方法；

2. 了解热力学平衡常数的数值与反应物起始浓度无关；

3. 了解温度对化学平衡的影响。

二、基本原理

Fe^{3+} 与 SCN^- 在溶液中可生成一系列的络离子，并共存于同一个平衡体系中。当 SCN^- 的浓度增加时，Fe^{3+} 与 SCN^- 生成的络合物的组成发生如下的改变：

$$Fe^{3+}+SCN^-\rightarrow Fe\,SCN^{2+}\rightarrow Fe(SCN)_2^+\rightarrow Fe(SCN)_3\rightarrow Fe(SCN)_4^-\rightarrow Fe(SCN)_5^{2-}$$

这些不同的络离子色调也不相同。由图 2-13 可知，当 Fe^{3+} 与浓度很低的 SCN^-（一般应小于 5×10^{-3} mol·L^{-1}）时，只进行如下反应：

$$Fe^{3+}+SCN^-\rightarrow FeSCN^{2+}$$

即反应被控制在仅仅生成简单的 $FeSCN^{2+}$ 络离子。其平衡常数表示为

$$K_c=\frac{c(FeSCN^{2+})}{c(Fe^{3+})\cdot c(SCN^-)}$$

由于 Fe^{3+} 在水溶液中，存在水解平衡，所以 Fe^{3+} 与 SCN^- 的实际反应很复杂，其机理为

$$Fe^{3+} + SCN^- \underset{K_{-1}}{\overset{K_1}{\rightleftharpoons}} FeSCN^{2+}$$

$$Fe^{3+} + H_2O \overset{K_2}{\rightleftharpoons} FeOH^{2+} + H^+ \text{（快）}$$

$$FeOH^{2+} + SCN^- \underset{K_{-3}}{\overset{K_3}{\rightleftharpoons}} FeOHSCN^+$$

$$FeOHSCN^+ + H^+ \overset{K_4}{\rightleftharpoons} FeSCN^{2+} + H_2O \text{（快）}$$

当达到平衡时，整理得到

$$\frac{c(FeSCN^{2+}, \text{平衡})}{c(Fe^{3+}, \text{平衡}) \cdot c(SCN^-, \text{平衡})} = \frac{K_1 + \dfrac{K_2 K_3}{c(H^+, \text{平衡})}}{K_{-1} + \dfrac{K_{-3}}{K_4 c(H^+, \text{平衡})}} = K_{\text{平衡}}$$

由上式可见，平衡常数受氢离子的影响。因此，实验只能在同一 pH 值下进行。本实验为离子平衡反应，离子强度对平衡常数有很大影响。所以，在各被测溶液中离子强度 $I = \dfrac{1}{2} \sum m_i Z_i^2$ 应保持一致。

由于 Fe^{3+} 可与多种阴离子发生络合，当溶液中有 Cl^-、PO_4^{3-} 等阴离子存在时，会明显地降低 $FeSCN^{2+}$ 络离子浓度，从而溶液的颜色减弱，甚至完全消失，故实验中要避免 Cl^- 的参与。Fe^{3+} 离子试剂最好选用 $Fe(ClO_4)_3$。

根据朗伯-比尔定律 $A = \varepsilon bc$，其中 ε 为摩尔吸光系数，单位为 $L \cdot mol^{-1} \cdot cm^{-1}$；$b$ 为液层厚度，单位为 cm；c 为溶液浓度，单位为 $mol \cdot L^{-1}$。可知当测试条件和溶液厚度相同时，吸光度与溶液浓度成正比。因此，可借助于分光光度计测定其吸光度，从而计算出平衡时 $FeSCN^{2+}$ 络离子的浓度以及 Fe^{3+} 和 SCN^- 的浓度，进而求出该反应的平衡常数 K_c。

测量两个温度下平衡常数，根据式（1）可计算出 ΔH。

$$\Delta H = \frac{RT_2 T_1}{T_2 - T_1} \ln \frac{K_2}{K_1} \tag{1}$$

式中，K_1、K_2 是温度 T_1、T_2 时的平衡常数。

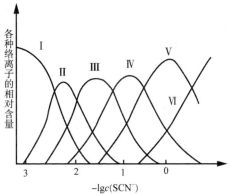

图 2-13 SCN⁻浓度对络合物组成的影响曲线图

I ~ VI代表配位数为 0~5 的硫氰酸铁络离子

三、仪器与试剂

仪器：721 型分光光度计 1 台、超级恒温槽(包括恒温夹套)1 个、50 mL 容量瓶 4 个、5 mL 刻度移液管 4 支、10 mL 刻度移液管 4 支。

试剂：1×10^{-3} mol·L^{-1} NH_4SCN 溶液(需准确标定)、0.1 mol·L^{-1} $FeNH_4(SO_4)_2$ 溶液(需准确标定 Fe^{3+} 浓度，并加 HNO_3 使溶液的 H^+ 浓度为 0.1 mol·L^{-1})、1 mol·L^{-1} HNO_3 溶液、1 mol·L^{-1} KNO_3 溶液。

四、实验步骤

(1)取 4 个 50 mL 容量瓶，编成 1、2、3、4 号。配制离子强度为 0.7 mol·L^{-1}，氢离子浓度为 0.15 mol·L^{-1}，SCN^- 离子浓度为 2×10^{-4} mol·L^{-1}，Fe^{3+} 浓度分别为 5×10^{-2}、1×10^{-2}、5×10^{-3}、2×10^{-3} mol·L^{-1} 的 4 种溶液。先计算出所需的标准溶液量，填写表 2-7。

表 2-7　溶液配比表

容量瓶号	1	2	3	4
$V(NH_4SCN$ 溶液$)$/mL				
$V[FeNH_4(SO_4)_2$ 溶液$]$/mL				
$V(HNO_3)$/mL				
$V(KNO_3)$/mL				

(2)调整 721 型数字分光光度计，将波长调到 460 nm 处。取少量 1 号溶液润洗比色皿二次后，准确地测量溶液的吸光度。更换溶液重复测 3 次，取其平均值。用同样的方法测量 2、3、4 号溶液的吸光度。将室温时所测数据填入数据记录表中。

(3)将所配制的 4 种溶液置于恒温槽中，恒温 35 ℃，重复上述实验。将 35 ℃时所测数据填入数据记录表中。

(4)关闭分光光度计电源，清洗比色皿、容量瓶、移液管并归位。

五、注意事项

(1)分光光度计在使用前需要预热 20 min。

(2)测量时比色皿溶液不应装得太满，占全部体积 2/3~4/5。拿取比色皿时，只能用手指接触两侧的毛玻璃，避免接触光学面。

(3)SCN^- 的浓度应小于 5×10^{-3} mol·L^{-1}，使反应被控制在仅仅生成简单的 $FeSCN^{2+}$ 络离子。

(4)本反应平衡常数受氢离子浓度影响，所以被测溶液的 pH 值应相同。

(5)离子强度对平衡常数有很大影响，所以被测溶液中离子强度 I 应保持一致。

(6)温度影响反应常数，实验时要保持恒温。

六、数据处理

(1)列表记录实验数据，并计算出平衡常数 K_c 值。

(2)表中数据按下列方法计算：

1 号容量瓶 Fe^{3+} 离子与 SCN^- 离子反应达平衡时，可认为 SCN^- 全部消耗，则平衡时，硫氰合铁离子的浓度即为反应开始时硫氰酸根离子的浓度，则有

$$c(FeSCN^{2+}, 平衡, 1) = c(SCN^-, 起始)$$

以 1 号溶液的吸光度为基准，则对应所测的 2、3、4 号溶液的吸光度可求出各号溶液的吸光度比（即光密度比），以 1 号溶液的吸光度值为分母，2、3、4 号溶液的吸光度值分别为分子，则 2、3、4 号各溶液中 $c(FeSCN^{2+}, 平衡)$、$c(Fe^{3+}, 平衡)$、$c(SCN^-, 平衡)$ 可分别按下式求得

$$c(FeSCN^{2+}, 平衡) = 吸光度比 \times c(FeSCN^{2+}, 平衡, 1) = 吸光度比 \times c(SCN^-, 起始)$$

$$c(Fe^{3+}, 平衡) = c(Fe^{3+}, 起始) - c(FeSCN^{2+}, 平衡)$$

$$c(SCN^-, 平衡) = c(SCN^-, 起始) - c(FeSCN^{2+}, 平衡)$$

七、讨论

（1）当 Fe^{3+} 与 SCN^- 浓度较大时，能否使用公式 $K_c = \dfrac{c(FeSCN^{2+})}{c(Fe^{3+}) \cdot c(SCN^-)}$ 计算平衡常数？

（2）测定平衡常数时，为什么要控制溶液 pH 值和离子强度？

八、预习题

1. Fe^{3+} 与 SCN^- 在溶液中可生成哪些络离子？

2. 如何控制络合反应停留在只生成最简单的 $FeSCN^{2+}$？

3. 实验的络合反应的平衡常数受哪些因素影响？本实验主要讨论哪个影响因素？其他一些影响因素在实验中是如何排除的？

4. 朗伯-比尔定律是什么？吸光度是什么？吸光度和透光率是什么关系？

九、预习测试题

1. 在液相平衡实验中，研究了温度对平衡常数的影响，4 个测试样的溶液离子强度（　　）。

A. 相同　　　　　　　　　　　B. 不同

C. $1:2:3:4$　　　　　　　　D. 无要求

2. 在液相平衡实验中，研究了温度对平衡常数的影响，4 个测试样的溶液 pH 值（　　）。

A. 相同　　　　　　　　　　　B. 不同

C. $1:2:3:4$　　　　　　　　D. 无要求

3. 在液相平衡实验中提供 Fe^{3+} 离子试剂的盐最好选择（　　）。

A. $FeCl_3$　　　　　　　　　　B. $FePO_4$

C. $Fe(ClO_4)_3$　　　　　　　D. $FeNH_4(SO_4)_2$

4. 使用分光光度计时，先接通电源预热（　　）。

A. 10 min　　　　　　　　　　B. 20 min

C. 30 min　　　　　　　　　　D. 无规定

5. 使用比色皿时，应注意溶液不要装得太满，溶液体积为比色皿容积（　　）。
   A. 小于 60%
   B. 大于 80%
   C. 67%～80%
   D. 等于 80%

6. 在液相平衡实验中测定溶液吸光度值时，进行仪器 0 点校正需要用（　　）。
   A. 装蒸馏水的闭塞面
   B. 装待测液的比色皿
   C. 空白比色皿
   D. 遮光体

7. 在液相平衡实验中所用的 SCN^- 溶液的浓度（　　）。
   A. 低于 $5×10^{-3} mol·L^{-1}$
   B. 高于 $5×10^{-3} mol·L^{-1}$
   C. 高于 $5×10^{-2} mol·L^{-1}$
   D. 低于 $5×10^{-2} mol·L^{-1}$

十、思考题

1. Fe^{3+}、SCN^- 离子浓度较大时，平衡常数不能按照公式 $K_c = \dfrac{c(FeSCN^{2+})}{c(Fe^{3+})·c(SCN^-)}$ 计算，为什么？

2. $c(FeSCN^{2+},$ 平衡 $)$ 怎么计算？

3. 实验误差的可能因素有哪些？如何提高本实验的精确性？

十一、实验数据记录表

将所测数据填入表 2-8 中。

表 2-8　实验数据记录表

恒温温度：_____　大气压：_____

瓶号	$c(Fe^{3+},$起始)	$c(SCN^-,$起始)	$c(FeSCN^{2+},$平衡)	$c(Fe^{3+},$平衡)	$c(SCN^-,$平衡)	K_c
1						
2						
3						
4						

实验 8　分解反应平衡常数的测定

一、实验目的

1. 测定一定温度下氨基甲酸铵的分解压力，计算分解反应的平衡常数；
2. 了解温度对平衡常数的影响，由不同温度下平衡常数的数据，计算等压反应热效应 $\Delta_r H_m^\ominus$、标准反应吉布斯自由能变化 $\Delta_r G_m^\ominus$ 和标准熵变 $\Delta_r S_m^\ominus$；
3. 学会低真空实验技术。

二、基本原理

氨基甲酸铵是合成尿素的中间产物，不稳定，易发生分解反应：

$$NH_2COONH_4(s) \rightleftharpoons 2NH_3(g) + CO_2(g)$$

该反应是可逆的多相反应，若不将分解产物从系统中移走，则很容易达到平衡。在压力不太大时气体的逸度近似为 1，且纯固态物质的活度是 1，因此分解反应的平衡常数 $K_p^\ominus$ 为

$$K_p^\ominus = \left(\frac{p_{NH_3}}{p^\ominus}\right)^2 \cdot \left(\frac{p_{CO_2}}{p^\ominus}\right) \tag{1}$$

式中，p_{NH_3}、p_{CO_2} 分别是平衡时 NH_3、CO_2 的分压。又因固体氨基甲酸铵的蒸气压可以忽略，故体系的总压 $p_{总} = p_{NH_3} + p_{CO_2}$，从分解反应式可得 $p_{NH_3} = 2p_{CO_2}$，则有 $p_{NH_3} = 2/3 p_{总}$、$p_{CO_2} = 1/3 p_{总}$，故

$$K_p^\ominus = \left(\frac{2}{3} \cdot \frac{p_{总}}{p^\ominus}\right)^2 \cdot \left(\frac{1}{3} \cdot \frac{p_{总}}{p^\ominus}\right) = \frac{4}{27}\left(\frac{p_{总}}{p^\ominus}\right)^3 \tag{2}$$

可见，当体系达到平衡后，只要测量其平衡总压，便可求得实验温度下的平衡常数 $K_p^\ominus$。而温度对平衡常数的影响可表示为

$$\frac{d\ln K_p^\ominus}{dT} = \frac{\Delta_r H_m^\ominus}{RT^2} \tag{3}$$

式中，T 是热力学温度；$\Delta_r H_m^\ominus$ 是等压反应热效应。若温度变化范围不大，$\Delta_r H_m^\ominus$ 可视为常数。将上式积分，可得

$$\ln K_p^\ominus = -\frac{\Delta_r H_m^\ominus}{RT} + C \tag{4}$$

以 $\ln K_p^\ominus$ 对 $1/T$ 作图，应为一直线，其斜率为 $-\dfrac{\Delta_r H_m^\ominus}{R}$，由此可求得 $\Delta_r H_m^\ominus$。

由某温度下得平衡常数，可按下式算出该温度下的 $\Delta_r G_m^\ominus$：

$$\Delta_r G_m^\ominus = -RT\ln K_p^\ominus \tag{5}$$

利用实验温度范围内的分解反应的平均等压热效应 $\Delta_r H_m^\ominus$ 和某温度下的标准吉布斯自由能变化 $\Delta_r G_m^\ominus$，可近似地算出该温度下的标准熵变 $\Delta_r S_m^\ominus$，即

$$\Delta_r S_m^\ominus = \frac{\Delta_r H_m^\ominus - \Delta_r G_m^\ominus}{T} \tag{6}$$

三、仪器与试剂

仪器：数字式压力计 1 台、玻璃恒温水浴 1 套、等压计 1 个、样品管 1 个、缓冲罐 1 个、三通真空活塞 2 个、真空泵 1 套。

试剂：硅油、氨基甲酸铵(实验室自制)。

四、实验步骤

(1)如图 2-14 安装装置，将干燥并装有硅油的等压计和干燥并装有氨基甲酸铵样

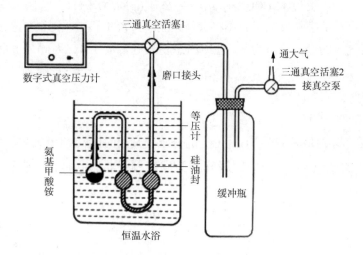

图 2-14 静态平衡压力法测定分解压力装置示意图

品管安装好，样品管和等压计用乳胶管连接，两端用铅丝扎紧在玻璃管上。

(2) 调节恒温浴温度至 25℃，旋转活塞 1 处于三通状态，缓慢旋转活塞 2 使真空泵与系统连通，对系统缓缓抽气，约 10 min，直至排净系统内的空气。旋转活塞 2 使真空泵与大气接通，与系统隔开，停泵。

(3) 缓慢旋转活塞 2，使空气缓缓放入系统，直至等压计 U 型管两臂的硅油面平齐，立即关闭活塞。仔细观察硅油面，设法保持硅油面平齐不变。待硅油面 10 min 不再随时间而发生变化时，认为系统已经处于平衡态，读取数字式真空压力计读数，大气压力和恒温水浴温度。恒温浴精度应能达到±0.1 ℃。

(4) 按照上述方法，依次分别测量 30、35、40、45 ℃的分解压力。

(5) 测量完毕后，旋转活塞 1，使等压计与系统其他部分隔开。然后开动真空泵抽去压力计和管道内的气体，再旋转活塞 2 使真空泵与大气接通，停泵。

五、注意事项

(1) 由于氨气有腐蚀性，而且将氨气与二氧化碳一起吸入真空泵内会产生凝结物，会损坏真空泵和泵油，因此在真空泵前应装有吸附浓硫酸的硅胶的干燥塔，用来吸收氨气。

(2) 温度对分解压的影响很大，因此在实验中，必须精密控制分解反应的温度，一般要求准确到±0.1 ℃。实验数据表明，温度越高，温度波动对分解压测量的影响越大。

六、数据处理

(1) 将所测的分解压进行校正，计算分解反应的平衡常数 $K_p^\ominus$，并将所测分解压与文献值进行对照。

(2) 以 $\ln K_p^{\ominus}$ 对 $1/T$ 作图，计算氨基甲酸铵分解反应的 $\Delta_r H_m^{\ominus}$。

(3) 计算 25 ℃ 时氨基甲酸铵分解反应的 $\Delta_r G_m^{\ominus}$ 和 $\Delta_r S_m^{\ominus}$。

氨基甲酸铵的分解压文献值，见表 2-9。

表 2-9　氨基甲酸铵的分解压文献值

恒温温度/℃	25.00	30.00	35.00	40.00	45.00	50.00
分解压/kPa	11.73	17.07	23.80	32.93	45.33	62.93

七、讨论

等压计的封闭液，过去一般采用汞、液体石蜡、硅油等不与系统中任何物质发生反应的物质，但汞污染环境；液体石蜡本身有一定的蒸气压，会影响测量结果，故本实验采用蒸气压极小的硅油作为封闭液。当硅油与 U 型压力计连用时，由于硅油的密度与汞相差悬殊，两液面若有微小的高度差，可忽略不计。

八、预习题

1. 氨基甲酸铵分解反应的产物是什么？什么是分解压？
2. 氨基甲酸铵分解反应标准平衡常数与总压之间的关系是什么？
3. 温度对平衡常数的影响关系？
4. 如何检查系统是否漏气？

九、预习测试题

1. 使用机械真空泵能获得(　　)。

A. 粗真空　　　　　　　　　　　　B. 低真空

C. 高真空　　　　　　　　　　　　D. 极高真空

2. 真空系统需要捡漏，合理的操作是(　　)。

A. 接通真空泵→至最高真空度→切断真空泵→观察压差计读数

B. 接通真空泵→至实验所需要的真空度→切断真空泵→观察压差计读数

C. 接通真空泵→至任意大小的真空度→切断真空泵→观察压差计读数

D. 接通真空泵→至最高真空度→观察压差计读数

3. 氨基甲酸铵分解反应是属于什么类型的反应(　　)。

A. 吸热反应　　　　　　　　　　　B. 放热反应

C. 既不吸热也不放热　　　　　　　D. 无法确定

4. 测定氨基甲酸铵分解反应在 40 ℃下的平衡常数，合理的实验操作顺序是(　　)。

A. 调节恒温槽→系统检漏→脱气→压力差置零→放入空气到恒压计相平后 10 min 不变

B. 压差计置零→系统检漏→脱气→调节恒温槽→放入空气到恒压计相平后 10 min 不变

C. 调节恒温槽→压差计置零→系统检漏→脱气→放入空气到恒压计相平

D. 调节恒温槽→脱气→压力差置零→系统检漏→放入空气到恒压计相平

5. 以等压法测氨基甲酸铵分解反应分解压力的实验中，在 298 K 时，若测得的分解压比文献值大，分析引起误差的原因，哪一点是正确的(　　)。

A. 恒温水浴的实际温度低于 298 K　　　B. 等压计使用了低沸点液体

C. 氨基甲酸铵吸潮　　　D. 平衡时间不够

十、思考题

1. 简要叙述本实验测量装置的检测方法。

2. 当将空气缓缓放入系统时，如放入空气较多，将会出现什么现象？

3. 引起实验误差的原因可能有哪些？

4. 为什么要抽干净小球泡中的空气？若系统中有少量空气，对实验结果有什么影响？

5. 根据哪些原则选用等压计中的密封液？

6. 当将空气缓缓放入系统时，如放入空气较多，将会出现什么现象？怎么处理该现象？

十一、实验数据记录表

将所测数据填入表 2-10 中。

表 2-10　实验数据记录表

温度/℃	25.00	30.00	35.00	40.00	45.00	50.00
温度/K						
测压计读数/kPa						
分解压/kPa						
$K_p^{\ominus}$						
$\ln K_p^{\ominus}$						
$1/T$						

实验 9　差热分析

一、实验目的

1. 掌握差热分析的基本原理；

2. 了解差热分析仪的构造，并掌握差热分析仪的使用方法；

3. 对 $CuSO_4 \cdot 5H_2O$ 进行差热分析，并定性解释所得的差热图谱。

二、基本原理

物质在受热或冷却过程中，当达到某一温度时，往往会发生熔化、凝固、晶型转变、分解、化合、吸附、脱附等物理或化学变化，这些变化必将伴随有吸热或者放热现

象，其表现为物质与外界环境之间有温度差。差热分析(differential thermal analysis,
DTA)就是利用这一特点，在程序控温条件下，通过测定样品与参比物的温度差对时间
的函数关系，来鉴别物质或确定组成结构以及转化温度、热效应等物理化学性质。从差
热曲线中可以获得物质热力学和热动力学的信息。

图2-15为差热分析仪简单的原理图。它包括带有控温装置的加热炉、放置样品和
参比物的坩埚、用以盛放坩埚并使其温度均匀的保持器、测温热电偶、差热信号放大器
和信号接收系统(记录仪或微机等)。

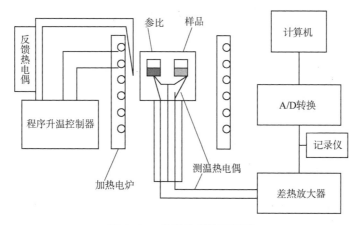

图 2-15　差热分析仪原理图

选择一种在测定温度范围内无任何物理、化学变化且对热稳定的物质作为参比物，
参比物和样品一同置于可设定升温速率的电路中，分别记录参比物的温度和样品与参比
物间的温差。以温差对温度作图就可得到一条差热分析曲线，或称差热图谱，如
图2-16所示。在升温过程中试样如没有热效应，则试样与参比物之间的温度差 ΔT 为
零，而试样在某温度下有放热(或吸热)效应时，试样温度上升速度加快(或减慢)，就
产生温度差 ΔT。

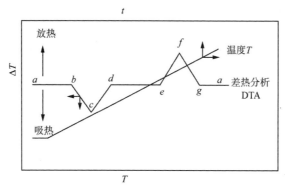

图 2-16　差热分析曲线示意图

可根据差热峰的数目、位置、方向、高度、宽度、对称性以及峰的面积等分析差热
图谱。峰的数目表示在测定温度范围内，待测样品发生变化的次数；峰的位置表示发生
转化的温度范围；峰的方向指示过程是吸热还是放热；峰的面积反映热效应大小(在相
同测定条件下)。峰高、峰宽及对称性除与测定条件有关外，往往还与样品变化过程的

动力学因素有关。

在相同的测定条件下，许多物质的差热谱图具有特征性：即一定的物质就有一定的差热峰的数目、位置、形状、方向、峰温等，所以，理论上可通过与已知的差热谱图的比较来定性地鉴别所研究的物质。

三、仪器与试剂

仪器：差热分析仪(CDR-1)1套、交流稳压电源1台、计算机1台、打印机1台、镊子1把、铝坩埚2只、洗耳球1只、电吹风1把。

试剂：α-Al_2O_3(分析纯，200目)、$CuSO_4 \cdot 5H_2O$(分析纯，200目)。

四、实验步骤

(1)用分析天平分别精确称取4~5 mg的$CuSO_4 \cdot 5H_2O$和α-Al_2O_3于两个小坩埚中。

(2)打开电炉炉膛，将样品和参比物分别放在其支架上，盖好保温盖。

(3)开冷却水，并开启仪器开关预热20 min。

(4)进行零位调整和斜率调整；将"差动""差热"开关置于"差热"位置，微伏放大器量程开关置于±100 μV处。

(5)启动计算机，打开CDR-4p应用软件，选择"直接采样""DTA"、量程为"100 μV"，输入起始温度和结束温度，输入升温速度10 ℃·min^{-1}、样品名称、质量、空气气氛、操作者姓名等，并确认。

(6)在仪器控制面板上通过左二按钮分别调"C01为0""T01为35""C02为350""T02为-120"，确定升温程序。

(7)按控制面板上"右二"按钮至"Run"(运行)，观察电压读数10 s，若不变即开启电炉。若电压读数迅速升高，要再次按下"右二"按钮至"Hold"，待到电压读数回到"0"再重新"Run"，观察电压读数10 s，若不变方可开启电炉。

(8)开启电炉后，计算机会按照设定升温速度记录升温曲线和差热曲线，待硫酸铜的3个脱水峰记录完毕且基线变平一段后，"存盘返回"，起文件名，并保存。断开电炉电源。

(9)调出文件进行峰处理并保存，最后打印。

(10)实验完毕，关计算机，关仪器开关，关冷却水。

五、注意事项

(1)坩埚一定要清理干净，否则坩垢不仅影响导热，杂质在受热过程中也会发生物理、化学变化，影响实验结果的准确性。

(2)零位调整必须是在差热放大器单元的量程选择开关置于"短路"位置的状态下，转动"调零"旋钮，使"差热指示"表头指在"0"位。若仪器处于工作状态时，即使"差热指示"表头不在"0"位，也不能"调零"。

(3)开启电炉前，按控制面板上"右二"按钮至"Run"，观察电压读数10 s，若不变方可开启电炉，否则差热曲线会出现异常。

(4)样品和参比物都要均匀地平铺在坩埚底部，坩埚底部与支架应水平接触良好。

六、数据处理

(1)指出样品脱水过程中出现热效应的次数，各峰的外推起始温度 T_e 和峰顶温度 T_p。计算各个峰的面积和热效应值。

(2)样品 $CuSO_4 \cdot 5H_2O$ 的 3 个峰各代表什么变化，写出热反应方程式。根据实验结果，推测 $CuSO_4 \cdot 5H_2O$ 中 5 个 H_2O 和 $CuSO_4$ 结合的可能形式。

(3)与文献报道图谱相比较，从峰的重叠情况和 T_e、T_p 数值讨论升温速率对差热分析曲线的影响。

七、讨论

在实际工作中往往发现同一试样在不同仪器测量，或即使在同一仪器上测量，所得到的差热曲线结果有差异，即重现性并不是很好。主要是因为传热情况比较复杂，热量与许多因素有关。一般说来，一是仪器，二是样品。影响差热分析结果的因素很多，主要因素有：

(1) 升温速率 升温速率不仅影响峰温的位置，而且影响峰面积的大小，对测定结果影响较大。一般来说，速率低时，体系接近平衡条件，基线漂移小，分辨力高，能使相邻两峰更好地分离，峰型宽而浅的，但测定时间长，需要仪器的灵敏度高。速率高时，体系偏离平衡条件的程度变大，基线漂移大，峰面积变大，分辨力下降，可能导致相邻两个峰重叠，峰型变尖锐。测定时间较省。一般选择 $8\sim20℃ \cdot min^{-1}$ 为宜。

(2) 气氛及压力 气氛和压力可以影响样品化学反应和物理变化的平衡温度、峰形。因此，必须根据样品的性质选择适当的气氛和压力，有的样品易氧化，可以通入 N_2、Ne 等惰性气体。

(3) 参比物 要获得平稳的基线，参比物的选择很重要。要求参比物在加热或冷却过程中不发生任何变化，在整个升温过程中参比物的比热、导热系数、粒度、装填情况及紧密程度尽可能与试样一致或相近。一般用 $\alpha-Al_2O_3$、煅烧过的 MgO 或石英砂作参比物。如分析试样为金属，也可以用金属镍粉作参比物。如果试样与参比物的热性质相差很远，则可用稀释试样的方法解决。

(4) 样品粒度 样品粒度在 $100\sim200$ 目，颗粒小可以改善导热条件，但太细可能破坏晶格或使样品分解。对易分解产生气体的样品，颗粒应大一些。

(5) 样品用量 样品用量与热效应大小及峰间距有关。试样用量大，峰面积大，易使相邻两峰重叠，降低分辨力。一般尽可能减少用量，最多大至毫克。分析合金时样品用量一般为 150 mg；分析 Sn、Zn、KNO_3 等标准物质时样品量选择在 $5\sim10$ mg 之间；在分析硝酸盐水合物时样品量一般在 $50\sim100$ mg 之间。

八、预习题

1. 差热分析的基本原理是什么？

2. 差热图谱中差热峰的数目、位置、方向、高度、宽度、对称性以及峰的面积有什么含义？

3. $CuSO_4 \cdot 5H_2O$ 的失水过程应为吸热还是放热？差热图谱应出现向下还是向上的峰？

九、预习测试题

1. 差热峰的数目表示（　　）。

A. 待测样品发生变化的次数　　　　B. 表示发生转化的温度范围

C. 过程是吸热还是放热　　　　　　D. 反映热效应大小

2. 差热峰的位置表示（　　）。

A. 待测样品发生变化的次数　　　　B. 表示发生转化的温度范围

C. 过程是吸热还是放热　　　　　　D. 反映热效应大小

3. 差热峰的方向表示（　　）。

A. 待测样品发生变化的次数　　　　B. 表示发生转化的温度范围

C. 过程是吸热还是放热　　　　　　D. 反映热效应大小

4. 差热峰的面积表示（　　）。

A. 待测样品发生变化的次数　　　　B. 表示发生转化的温度范围

C. 过程是吸热还是放热　　　　　　D. 反映热效应大小

5. $CuSO_4 \cdot 5H_2O$ 的失水过程应为（　　）。

A. 吸热　　　　　　　　　　　　　B. 放热

C. 有时吸热有时放热　　　　　　　D. 不确定

十、思考题

1. 差热分析实验中如何选择参比物？常用的参比物有哪些？

2. 差热曲线的形状与哪些因素有关？

3. 影响差热分析结果的主要因素是什么？

4. 与文献报道图谱相比较，从峰的重叠情况和 T_e、T_p 数值讨论升温速率对差热分析曲线的影响。

实验 10　蔗糖水解反应速率常数的测定

一、实验目的

1. 熟悉一级反应的动力学特征；

2. 学习旋光法测定反应速率常数的方法；

3. 掌握不同旋光仪的使用方法。

二、基本原理

蔗糖水解反应一般是在 H^+ 的催化剂作用下进行的，其反应方程式为：

$$C_{12}H_{22}O_{11}+H_2O \xrightarrow{\ H^+\ } C_6H_{12}O_6+C_6H_{12}O_6$$
（蔗糖）　　　　　　　（果糖）（葡萄糖）

当 H^+ 浓度一定时，这个反应的反应速率与蔗糖和水的浓度有关，但一般蔗糖水解反应都是在大量的水中进行，所以反应前后水的浓度可以看作不变，因此这个反应成为一级反应，即反应速率只与蔗糖浓度有关。其反应速率方程式为

$$-\frac{dc}{dt} = kc \tag{1}$$

式中，k 是反应速率常数；c 是 t 时刻蔗糖的浓度。

将式（1）积分得

$$\ln c = -kt + \ln c_0 \tag{2}$$

式中，c_0 是蔗糖的起始浓度。

蔗糖、果糖、葡萄糖都含有不对称的碳原子，它们都具有旋光性。但蔗糖与葡萄糖具有右旋性，果糖具有左旋性，而且果糖的左旋性大于葡萄糖的右旋性，因此生成物呈左旋性。随着蔗糖水解反应的进行，溶液的右旋性逐渐变小，最后变为左旋性。这样反应物浓度随时间的变化可利用旋光度的变化来量度。溶液的旋光度与溶液中所含具有旋光性物质的旋光能力、溶剂的性质、溶液的浓度、样品管长度、光源波长及温度等因素有关系。当其他条件均固定时，旋光度 α 与旋光性物质的浓度 c 呈线性关系，即

$$\alpha = Kc \tag{3}$$

式中，比例常数 K 与物质的旋光能力、溶剂性质、样品管长度、温度等有关。

若反应开始的旋光度为 α_0，经过 t 时间后的旋光度为 α_t，反应完毕后，即蔗糖已完全转化时旋光度为 α_∞。当测定在同一条件下进行时，根据式（3），则

$$\alpha_0 = K_{反}\, c_0 \text{（蔗糖尚未转化）} \tag{4}$$

$$\alpha_\infty = K_{生}\, c_0 \text{（蔗糖已完全转化）} \tag{5}$$

$$\alpha_t = K_{反}\, c + K_{生}(c_0 - c) \tag{6}$$

即 α_t 为未转化的蔗糖 c 及生成的转化糖 $(c_0 - c)$ 的旋光度之和。

联立式（4）、式（5）、式（6）解得

$$\alpha_0 - \alpha_\infty = (K_{反} - K_{生})c_0 \tag{7}$$

$$\alpha_t - \alpha_\infty = (K_{反} - K_{生})c \tag{8}$$

将式（7）、式（8）代入式（2）得

$$\ln(\alpha_t - \alpha_\infty) = -kt + \ln(\alpha_0 - \alpha_\infty) \tag{9}$$

以 $\ln(\alpha_t - \alpha_\infty)$ 对 t 作图，应得一条直线，从其斜率即可求得反应速率常数 k，进而求出反应的半衰期 $t_{1/2}$。

三、仪器与试剂

仪器：WZZ-2S 数显旋光仪 1 台（或 WXG-4 旋光仪 1 台）、超级恒温水浴 1 台、电热恒温水浴锅 1 台、150 mL 锥形瓶 2 个、50 mL 移液管 2 支。

试剂：3～6 mol·L^{-1} 盐酸溶液、10%～15% 蔗糖溶液。

四、实验步骤

1. 旋光仪零点的校正

把旋光管一端的盖旋开(注意盖内玻璃片以防跌碎),洗净各部分后注满蒸馏水,然后将玻璃片盖好旋紧。如有小气泡,可将其赶至旋光管上的凸起部分,使其避开光路即可。把旋光管外壳及两端玻璃片上水渍擦干。若使用 WXG-4 旋光仪,将旋光管放入旋光仪内,盖上机槽盖,预热 10 min,旋转刻度盘至 0 度附近。调节目镜聚焦,使三分视野清晰,然后轻轻转动刻度盘下边的螺旋使视野亮度均匀,记录刻度盘上的读数,即为旋光仪的零点。若使用 WZZ-2S 数显旋光仪,只需按下仪器正面的"清零"键,使显示为零即可。

2. 蔗糖转化过程中 α_t 的测定

用移液管取 50 mL 蔗糖溶液放入 100 mL 锥形瓶内,再用另一移液管取 50 mL 盐酸溶液放入另一锥形瓶内。等待超级恒温水浴温度达到设置的指定温度后(通常需要比室温高 5 ℃),将盐酸溶液迅速倾倒入蔗糖溶液中,倾倒约一半时按下秒表开始计时,以此作为反应的起点(t_0)。溶液加完后摇匀。倒出旋光管中蒸馏水,以少量反应混合液润洗旋光管 3 次,然后装满混合液,测定不同反应时间下的 α_t。从开始计时起,每隔 3~5 min 测定一次 α_t(反应起始旋光度约在 10 度左右,然后逐渐减小),共测量 10 组数据后停止。

3. α_∞ 的测定

在测定 α_t 的同时,把锥形瓶内剩余的混合液放在 50 ℃ 左右的恒温水浴内,塞上瓶塞,加热 30 min(加热促使蔗糖全部水解,但注意温度不宜过高,否则产生副反应,颜色变黄)。取出锥形瓶用自来水冲淋冷至室温后,测定 α_∞,可间隔数分钟测定数次,如旋光度确实不再变化,则可以认为反应已进行完毕。

实验结束后,洗净旋光管并装满蒸馏水,洗净锥形瓶并干燥,以便下次实验同学使用。

五、注意事项

(1)旋光仪需要预热 10 min。

(2)旋光管内两端不得留有气泡,若有气泡,需将气泡赶至管中粗肚部位。

(3)反应混合液的配制顺序按照步骤进行。

(4)正确确定计时的起点,且注意反应时间 t 与 α_t 读数的一一对应,这是动力学实验的基本要求。

(5)因为温度对反应速率影响较大,所以整个实验要保证恒温,如果实验是在室温下进行,手接触旋光管的时间尽可能要短,以免管内液体温度升高。

(6)α_∞ 的测定时,水浴锅温度不宜过高。

(7)实验结束后,旋光管需要洗净并装满蒸馏水,以便后续同学使用。

六、数据处理

(1)将时间 t、旋光度 α_t、α_∞ 及 $\ln(\alpha_t - \alpha_\infty)$ 列表。(注意:表中时间应以 min 为单

位，换算时注意时间的进制）

（2）以 $\ln(\alpha_t - \alpha_\infty)$ 对 t 作图，由直线斜率求出反应速率常数 k，并计算出反应的半衰期 $t_{1/2}$。

（3）由图中直线的截距求算出 $t = 0$ 时的旋光度 α_0。

七、讨论

蔗糖水解的动力学早在 1850 年即为 Wilhelmy 建立，它是化学动力学中最早经过定量研究的一个反应。不论在理论上还是在实验测定方法上都具有代表性，因而几乎被国内所有的物理化学实验教材所选用。

精确的实验结果表明，蔗糖水解的反应速率为 $r = kcc_{H_2O}^6 c_{H^+}$，式中 c 为蔗糖的浓度，可见该反应实际上为 8 级反应。在本实验条件下，水的浓度远远大于 c，而 H^+ 的浓度在反应过程中保持不变，在这种情况下，蔗糖水解才表现为一级反应。

本实验采用测定旋光度来表征反应物质的浓度，在基础物理化学实验中独树一帜。本实验所导出的 $c_0 \propto \alpha_0 - \alpha_\infty$ 和 $c_t \propto \alpha_t - \alpha_\infty$ 是基于旋光度与浓度的线性关系以及旋光度具有加合性。事实上，对于具有这种性质的其他物理量，如压力、体积、电导率、折光率、透光率等也有类似的关系，但选用哪个物理量，要根据反应体系的特点而定。

如果实验条件和时间允许，可以再测定其他温度时的速率常数，利用阿伦尼乌斯公式即可求得反应的活化能。

八、预习题

1. 蔗糖溶液在酸性介质中水解反应的产物是什么？此反应为几级反应？

2. 旋光度的正负表示什么意思？旋光度与哪些因素有关？

3. 旋光管中的液体有气泡时会影响实验数据，应如何操作？

4. 本实验为什么可以通过测定反应系统的旋光度来度量反应进程？

九、预习测试题

1. 在实验条件下，蔗糖水解反应可以看成是（　　）。

A. 一级反应　　　　　　　　　　B. 二级反应

C. 零级反应　　　　　　　　　　D. 三级反应

2. 配制蔗糖溶液时浓度不够准确，对测量结果（　　）。

A. 无影响　　　　　　　　　　　B. 有影响

C. 视情况而定　　　　　　　　　D. 无法确定

3. 对蔗糖的转化反应速率常数 k 无影响的是（　　）。

A. 盐酸的浓度　　　　　　　　　B. 温度

C. 蔗糖溶液的浓度　　　　　　　D. 催化剂

4. 实验过程中，温度有很大变化，对测量结果（　　）。

A. 无影响　　　　　　　　　　　B. 有影响

C. 视情况而定　　　　　　　　　D. 无法确定

5. 蔗糖水解过程中，系统的旋光度（　　）。

A. 逐渐增大　　　　　　　　　　B. 逐渐减小

C. 忽高忽低　　　　　　　　　　D. 快速增大

十、思考题

1. 在实验中，用蒸馏水来校正旋光仪的零点，若不进行校正，对实验结果（k, $t_{1/2}$, α_0）是否有影响？

2. 在混合蔗糖溶液和盐酸溶液时，我们将盐酸溶液加到蔗糖溶液中去，可否把蔗糖加到盐酸溶液中去？为什么？

3. 在测量时刻 t 对应的反应混合液旋光度 α_t 时，能否像测量蒸馏水的旋光度那样，重复测 3 次后取平均值？

十一、实验数据记录表

将所测数据列入表 2-11 中。

表 2-11　实验数据记录表

室温：_____　零点校正值：_____　α_∞ _____

t/min			
α_t			
$\alpha_t - \alpha_\infty$			
$\ln(\alpha_t - \alpha_\infty)$			

实验 11　乙酸乙酯皂化反应速率常数的测定

一、实验目的

1. 熟悉二级反应的动力学特征；

2. 学习用电导法测定乙酸乙酯皂化反应速率常数的方法；

3. 了解反应活化能的测定方法。

二、基本原理

乙酸乙酯的皂化反应是一个典型的二级反应，其反应式如下所示。当反应物乙酸乙酯和 NaOH 的起始浓度相同（均为 c）时，反应过程中各物质浓度随时间的变化关系为

$$CH_3COOC_2H_5 + NaOH \rightarrow CH_3COONa + C_2H_5OH$$

$t = 0$	c	c	0	0
$t = t$	$c-x$	$c-x$	x	x
$t \rightarrow \infty$	0	0	c	c

该反应的速率方程式可以写成:

$$\frac{\mathrm{d}x}{\mathrm{d}t} = k(c - x)^2 \tag{1}$$

移项并作不定积分得

$$\frac{1}{(c - x)} = kt + D \ (D \text{ 为积分常数}) \tag{2}$$

若作定积分,则得

$$\frac{x}{c(c - x)} = kt \tag{3}$$

根据式(2),若以 $\dfrac{1}{(c - x)}$ 对 t 作图,则应得一条直线,直线的斜率即为反应速率常数 k,这就是利用作图法求二级反应速率常数的原理。因此,该实验的关键问题是如何测定不同反应时间的反应物浓度。本实验通过测定溶液电导率的方法来间接测定反应物浓度。

对乙酸乙酯皂化反应,反应物中的 NaOH 和生成物中的 CH_3COONa 是电解质,对体系的电导率产生影响。其中,Na^+ 离子在反应前后浓度不变,则 Na^+ 离子对电导率的变化无贡献,而 OH^- 离子的电导率比 CH_3COO^- 和 Na^+ 离子大得多,是溶液电导率的主要影响因素。随着反应的进行,OH^- 不断减少,体系的电导率不断下降。所以:

$$t = 0 \ , \ \kappa_0 = ac \tag{4}$$
$$t = \infty \ , \ \kappa_\infty = \beta c \tag{5}$$
$$t = t \ , \ \kappa_t = \alpha(c - x) + \beta x \tag{6}$$

式中,α、β 是与温度、溶剂、电解质 NaOH 和 CH_3COONa 性质有关的比例常数;κ_0、κ_∞ 分别是反应起始和终了的电导率。κ_t 为 t 时刻溶液的电导率。将式(4)、式(5)、式(6)联立求解得

$$x = \left(\frac{\kappa_0 - \kappa_t}{\kappa_0 - \kappa_\infty}\right) \cdot c \tag{7}$$

将式(7)代入式(3):

$$k = \frac{1}{tc} \cdot \left(\frac{\kappa_0 - \kappa_t}{\kappa_t - \kappa_\infty}\right) \tag{8}$$

或

$$\frac{\kappa_0 - \kappa_t}{\kappa_t - \kappa_\infty} = ktc \tag{9}$$

其中,κ_0、κ_t、κ_∞ 分别为反应起始、反应 t 时刻以及反应结束时溶液的电导率,均可由电导率仪测得。以 $\dfrac{\kappa_0 - \kappa_t}{\kappa_t - \kappa_\infty}$ 对 t 作图,可得一条直线,直线的斜率为 kc,由于 c 已知,可求得反应速率常数 k 值。k 值的单位为 $L \cdot mol^{-1} \cdot min^{-1}$。

三、仪器与试剂

仪器:数字式电导率仪 1 台、恒温水浴锅 1 台、容量瓶(100 mL、1 000 mL)各 1 个、100 mL 锥形瓶 2 只、25 mL 移液管 2 支。

试剂:0.01 mol $\cdot$ L^{-1} NaOH 溶液、0.02 mol $\cdot$ L^{-1} NaOH 溶液、0.01 mol $\cdot$ L^{-1} 乙酸钠

溶液、0.02 mol·L^{-1}乙酸乙酯溶液。

四、实验步骤

(1)κ_0的测定 打开电导率仪,校正电极常数值。将电极用 0.01 mol·L^{-1}NaOH 溶液润洗 3 次后放入盛有 0.01 mol·L^{-1}NaOH 溶液的试管中,在恒温水浴槽中恒温 5 min 后,测量其电导率 3 次,即为 κ_0。

(2)κ_∞的测定 用 0.01 mol·L^{-1}乙酸钠溶液将电极润洗 3 次,恒温水浴槽恒温 5 min 后,测量其电导率 3 次。

(3)κ_t的测定 移取 0.02 mol·L^{-1}NaOH 溶液 25.00 mL 于干燥的锥形瓶中,放入擦干的电导电极,恒温后,加入乙酸乙酯溶液 25.00 mL,迅速混合并开始计时,每隔 2 min测定一次体系的电导率,得到 κ_t,测定 10~15 组数据。

(4)反应活化能的测定 按上述操作步骤测定另一个温度下的反应速率常数,并按阿伦尼乌斯方程计算反应的活化能。

五、注意事项

(1)每次更换测量溶液时,须用电导水淋洗电极,然后再用待测溶液润洗 3 次。

(2)空气中的 CO_2 会溶入蒸馏水和 NaOH 溶液中,使溶液浓度发生改变。因此,在实验中可以使用煮沸的电导水,同时可以在配好的 NaOH 溶液瓶上装配碱石灰吸收管。由于乙酸乙酯溶液会缓慢水解,且水解产物又会消耗 NaOH,所以乙酸乙酯溶液必须新鲜配制。

六、数据处理

(1)根据实验数据,以 $\dfrac{\kappa_0 - \kappa_t}{\kappa_t - \kappa_\infty}$ 对 t 作图,从直线的斜率计算反应速率常数k值。

(2)根据式(10)计算反应活化能。

$$\ln \frac{k_2}{k_1} = \frac{E_a}{R}\left(\frac{1}{T_1} - \frac{1}{T_2}\right) \tag{10}$$

七、思考题

1. 本实验为何要在恒温条件下进行?

2. 若乙酸乙酯与 NaOH 溶液为浓溶液,能否用此方法求反应速率常数k值?为什么?

八、实验数据记录表

将测定所得数据列入表 2-12 中。

表 2-12 实验数据记录表

实验温度：_____ 反应物初始浓度 c：_____ 反应开始时 κ_0：_____

序号	t/min	κ_t /$\mu S \cdot cm^{-1}$	$\kappa_0 - \kappa_t$ /$\mu S \cdot cm^{-1}$	$\kappa_t - \kappa_\infty$ /$\mu S \cdot cm^{-1}$	$\dfrac{\kappa_0 - \kappa_t}{\kappa_t - \kappa_\infty}$
1					
2					
3					

实验 12　B-Z 化学振荡反应

一、实验目的
1. 了解 B-Z 振荡反应的基本原理及研究振荡反应的方法；
2. 振荡反应的电势测定方法；
3. 测定振荡反应的表观活化能。

二、基本原理
在某些特殊的化学反应体系中，组分的浓度会随时间呈现周期性变化，该现象称为化学振荡。20 世纪五六十年代，前苏联科学家贝洛索夫（Belousov）和柴波廷斯基（Zhabotinski）首先发现并研究了化学振荡反应。为纪念这两位科学家的杰出贡献，人们将含溴酸盐的化学振荡反应统称为 B-Z 振荡反应（Belousov-Zhabotinski Oscillating Reaction）。

实验研究表明，产生化学振荡现象需要满足 3 个条件：①系统必须远离平衡态。化学振荡只有在远离平衡态，具有很大的不可逆程度时才能产生。②反应历程中有自催化步骤。产物之所以能加速反应，因为是自催化反应。③系统必须有两个稳态存在。这样体系才能在两个稳态间来回振荡。

关于 B-Z 振荡反应的机理，目前学术界认同度较高的是 FKN 机理，即由 Field、Koros 和 Noyes3 位学者提出的反应机理。例如，对于下列化学振荡反应：

$$2BrO_3^- + 3CH_2(COOH)_2 + 2H^+ \xrightarrow{Ce^{3+},\ Br^-} 2BrCH(COOH)_2 + 3CO_2 + 4H_2O \tag{1}$$

FKN 机理认为，在硫酸介质中以 Ce^{3+} 离子作催化剂的条件下，丙二酸被溴酸盐氧化的过程至少涉及 9 个反应。

（1）Br^- 离子浓度较大时，BrO_3^- 离子通过下列反应被还原为 Br_2。

$$Br^- + BrO_3^- + 2H^+ \xrightarrow{k_1} HBrO_2 + HOBr \tag{2}$$

$$HBrO_2 + Br^- + H^+ \xrightarrow{k_2} 2HOBr \tag{3}$$

$$HOBr + Br^- + H^+ \xrightarrow{k_3} Br_2 + H_2O \tag{4}$$

$$Br_2 + CH_2(COOH)_2 \xrightarrow{k_4} BrCH(COOH)_2 + Br^- + H^+ \tag{5}$$

上述 4 个反应之和导致丙二酸发生溴化，见下面反应式：

$$BrO_3^- + 2\,Br^- + 3\,CH_2(COOH)_2 + 3H^+ \rightarrow 3BrCH(COOH)_2 + 3H_2O \tag{6}$$

(2) 当 Br^- 离子浓度较小时，溶液中的下列反应导致了铈离子的氧化：

$$2HBrO_2 \xrightarrow{k_5} BrO_3^- + HOBr + H^+ \tag{7}$$

$$H^+ + BrO_3^- + HBrO_2 \xrightarrow{k_6} 2BrO_2 + H_2O \tag{8}$$

$$H^+ + BrO_2 + Ce^{3+} \xrightarrow{k_7} HBrO_2 + Ce^{4+} \tag{9}$$

上面 3 个反应的总效果是溴酸根离子被还原，即如下反应式所示：

$$BrO_3^- + 4\,Ce^{3+} + 5H^+ \longrightarrow HOBr + 4\,Ce^{4+} + 2H_2O \tag{10}$$

该反应是振荡反应发生所必需的自催化过程，其中反应式 (8) 是速率控制步骤。

最后，Br^- 可通过下列两步反应而得到再生：

$$BrCH(COOH)_2 + 4Ce^{4+} + 2H_2O \xrightarrow{k_8} Br^- + HCOOH + 2CO_2 + 4Ce^{3+} + 5H^+ \tag{11}$$

$$HOBr + HCOOH \xrightarrow{k_9} Br^- + CO_2 + H^+ + H_2O \tag{12}$$

式 (11) 和式 (12) 的净反应为

$$BrCH(COOH)_2 + 4Ce^{4+} + HOBr + H_2O \rightarrow 2\,Br^- + 3CO_2 + 4Ce^{3+} + 6H^+ \tag{13}$$

将反应式 (6)(10) 和 (13) 相加就组成了反应系统中的一个振荡周期，即得到总反应式 (1)。

综上所述，B–Z 振荡反应体系中存在着两个受溴离子浓度控制的过程 (6) 和 (10)，即 Br^- 离子起着转向开关的作用，当 $c(Br^-)$ 高于临界浓度 $c(Br^-, 临界)$ 时发生 (6) 过程；而当 $c(Br^-)$ 低于临界浓度时发生 (10) 过程。该反应溴离子的临界浓度为

$$c(Br^-, 临界) = \frac{k_6}{k_2} \cdot c(BrO_3^-) = 5 \times 10^{-6} \times c(BrO_3^-) \tag{14}$$

若已知实验的初始浓度 $c(BrO_3^-)$，由上式可估算 $c(Br^-, 临界)$。

测定、研究 B–Z 化学振荡反应可采用离子选择性电极法、分光光度法和电化学等方法。本实验采用电化学方法，即在不同的温度下通过测定因 $c(Ce^{4+})$ 和 $c(Ce^{3+})$ 之比产生的电势随时间变化曲线，分别从曲线中得到诱导时间 (t_u) 和振荡周期 (t_Z)，并根据阿伦尼乌斯方程，

$$\ln \frac{1}{t} = -\frac{E}{RT} + \ln A \tag{15}$$

式中，E 是表观活化能；R 是摩尔气体常数；T 是热力学温度；A 是经验常数。分别作 $\ln(1/t_u)$–$1/T$ 和 $\ln(1/t_Z)$–$1/T$ 图，从图中的曲线斜率分别求得表观活化能 $(E_u$ 和 $E_Z)$。

三、仪器与试剂

仪器：恒温水浴槽 1 台、电化学分析仪 1 台、磁力搅拌器 1 台、铂电极 1 支、参比电极 (硫酸钾作参比液) 1 支、25 mL 移液管 4 支。

试剂：0.4 mol·L⁻¹ 丙二酸溶液、0.2 mol·L⁻¹ 溴酸钾溶液 (现配)、0.004 mol·L⁻¹ 硫酸铈溶液 (须在 0.2 mol·L⁻¹ 硫酸中配制)、硫酸溶液 (3 mol·L⁻¹ 和 1 mol·L⁻¹)。

四、实验步骤

（1）配制 0.2 mol·L⁻¹溴酸钾溶液 1 000 mL。

（2）连接好振荡反应装置，如图 2-17 所示。打开仪器电源预热 10 min；同时开启恒温槽电源（包括加热器的电源），并调节温度为 25 ℃。

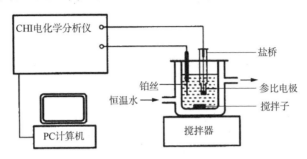

图 2-17　振荡反应测量装置

（3）启动计算机，依次启动程序，根据仪器标号选择适当的 COM 接口，设置好坐标，一般可以选择 0.4～1.2 V 的扫描范围，时间间隔选为 15 min。

（4）洗净并干燥反应器，打开磁力搅拌，在恒温反应器中依次加入配好的丙二酸（0.4 mol·L⁻¹）、硫酸（3 mol·L⁻¹）、溴酸钾（0.2 mol·L⁻¹）各 15 mL，使溶液在设定的温度下恒温至少 10 min。在以下系列实验过程中尽量使搅拌子的位置和转速保持一致。

（5）在放置甘汞电极的液接管中加入少量 1 mol·L⁻¹硫酸溶液，然后将甘汞电极插入。

（6）恒温结束后，按下 B-Z 振荡实验装置的"采零"键，然后将电极线的正极接在铂电极上，负极接在甘汞电极上，点击计算机上"数据处理"菜单中的"开始绘图"，然后加入硫酸铈溶液 15 mL。观察反应过程中溶液的变化。

（7）计算机自动记录电势（E）-时间（t）关系曲线，如图 2-18 所示。待出现 3～4 个峰时，点击"数据处理"菜单中的"结束绘图"，然后保存实验结果，点击"清屏"，准备进行下一步操作。

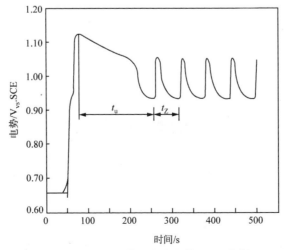

图 2-18　化学振荡反应的电势-时间曲线

(8)改变恒温槽温度为 30、35、40、45、50 ℃，重复以上实验操作。

五、注意事项

(1)为了防止参比电极中离子对实验的干扰，以及溶液对参比电极的干扰，所用的饱和甘汞电极与溶液之间必须用 1 mol·L^{-1}硫酸盐桥隔离。

(2)所使用的电解池、电极和一切与溶液相接触的器皿是否干净是本实验成败的关键，故每次实验完毕后必须将所有用具冲洗干净。

六、数据处理

(1)分别从各条曲线中找出诱导时间(t_u)和振荡周期(t_Z)，并列表。

(2)根据计算结果分别作 $\ln(1/t_u)-1/T$ 和 $\ln(1/t_Z)-1/T$ 图。

(3)根据图中直线的斜率分别求出诱导表观活化能(E_u)和振荡表观活化能(E_Z)。

七、讨论

大多数反应在所研究的温度范围内是符合阿伦尼乌斯公式的，包括基元反应和复杂反应。只是复杂反应的活化能是组成该反应各基元步骤的活化能的代数和。通常，称复杂反应的活化能为表观活化能。

八、思考题

1. 影响诱导期、周期及振荡寿命的主要因素有哪些？
2. 为什么在实验过程中应尽量使搅拌子的位置和转速保持一致？

九、实验数据记录表

将所测数据列入表 2-13 中。

表 2-13 实验数据记录表

T/K	$1/T(\mathrm{K}^{-1}\times10^{-3})$	t_u	$\ln(1/t_u)$	t_Z	$\ln(1/t_Z)$

实验 13   丙酮碘化反应的速率方程

一、实验目的

1. 掌握用孤立法确定反应级数的方法；
2. 测定酸催化下丙酮碘化反应的速率常数；
3. 通过本实验进一步理解复杂反应的特征。

二、基本原理

通过实验方法测定化学反应的速率和反应物浓度的定量关系，是研究反应动力学的一个重要内容。大多数化学反应都是复杂反应，是由若干个基元反应组成的。对复杂反应可采用一系列实验方法获得可靠的实验数据并据此建立反应速率方程式，在此基础上，推测反应的机理，掌握反应规律。

孤立法是动力学研究中常用的一种实验方法。设计一系列溶液，其中只有某一物质的浓度不同，而其他物质浓度均相同，借此可以求得反应对该物质的级数。同样亦可以得到各种反应物的级数，从而确立速率方程。

在酸性溶液中，丙酮碘化是一个复杂反应，其反应式为

$$CH_3COCH_3 + X_2 \xrightarrow{H^+} CH_3COCH_2X + X^- + H^+$$

式中，X_2 是卤素。实验表明，该反应速率几乎与卤素的种类及其浓度无关，而与丙酮及氢离子的浓度有关。假设该反应的速率方程式为

$$r = -\frac{dc_{碘}}{dt} = kc_{丙}^x c_{酸}^y c_{碘}^z \qquad (1)$$

式中，k 是反应速率常数；指数 x、y、z 分别是丙酮、酸和碘的反应级数。将该式取对数后可得

$$\lg r = \lg\left(-\frac{dc_{碘}}{dt}\right) = \lg k + x\lg c_{丙} + y\lg c_{酸} + z\lg c_{碘} \qquad (2)$$

在上述 3 种物质中，固定其中两种物质的浓度，改变第三种物质的浓度，则反应速率只是该物质浓度的函数。以 $\lg(-dc_{碘}/dt)$ 对该组分浓度的对数作图，所得直线即为该物质在此反应中的反应级数。同理，可得其他两个物质的反应级数。

碘在可见光区有很宽的吸收带，可用分光光度计测定反应过程中碘浓度随时间变化的关系。按照朗伯-比尔定律可得

$$A = -\lg T = -\lg\left(\frac{I}{I_0}\right) = abc_{碘} \qquad (3)$$

式中，A 是吸光度；T 是透光率；I 和 I_0 分别是某一特定波长的光线通过待测溶液和空白溶液后的光强；a 是吸光系数；b 是样品池光径长度。以 A 对时间 t 作图，斜率为 $a \cdot b \cdot (-dc_{碘}/dt)$。测得 a 和 b，可算出反应速率。

当 $c_{丙} \approx c_{酸} \gg c_{碘}$，实验结果显示，$A$ 对 t 作图后得一直线。显然只有在 $(-dc_{碘}/dt)$ 不随时间改变时才成立，意味着反应速率与碘的浓度无关，从而得知该反应对碘的级数为零，即 $z = 0$。在本实验令 $c_{丙} \approx c_{酸} \gg c_{碘}$，可以认为反应过程中 $c_{酸}$ 和 $c_{丙}$ 保持不变，又因 $z = 0$，则由式(2)积分可得

$$c_{碘1} - c_{碘2} = kc_{丙酮}^x c_{酸}^y (t_2 - t_1) \qquad (4)$$

将式(4)代入后可得

$$k = \frac{A_2 - A_1}{t_2 - t_1} \cdot \frac{1}{ab} \cdot \frac{1}{c_{丙}^x c_{酸}^y} \qquad (5)$$

三、仪器与试剂

仪器：7220 型分光光度计 1 台、50 mL 容量瓶 6 个、50 mL 烧杯 1 个、3 cm 比色皿

2 个、5 mL 移液管 2 支。

试剂：丙酮(分析纯)、碘酸钾(分析纯)、碘化钾(分析纯)、2.00 mol·L^{-1}盐酸溶液。

四、实验步骤

(1)0.02 mol·L^{-1}碘溶液的配制　准确称取 0.142 7 g KIO$_3$ 于 50 mL 烧杯中，加入少量蒸馏水全部溶解，加入 1.1 g KI，加热溶解，再加入 2.0 mol·L^{-1}盐酸溶液 2 mL，将得到的溶液转移至 100 mL 容量瓶，用蒸馏水定容。

(2)2.00 mol·L^{-1}丙酮溶液的配制　在 50 mL 容量瓶中，先加入少量蒸馏水，准确称取 5.808 g 丙酮，用蒸馏水定容。

(3)分光光度计的调节　开机预热 10 min 以上，将波长设定在 520 nm 处，开机默认模式为"透射比"，选用 1 cm 比色皿，加入适量蒸馏水放入参比位置并置于光路中，合上样品室盖，按"100%"键，校准至 100.0，打开样品室盖，按"0%"键，校准至 0.0（调 100%、调 0%，如一次不到位可重调一次）。校准完成，切换模式至"吸光度"灯亮，屏幕显示 0.000。

(4)反应溶液的配制　在 4 个 50 mL 的容量瓶中用移液管按下表所列体积依次加入蒸馏水、碘溶液和盐酸溶液备用，丙酮溶液需要在测定时逐个加入。

容量瓶编号	1	2	3	4
蒸馏水体积/mL	30.00	30.00	30.00	30.00
碘溶液体积/mL	5.00	5.00	5.00	7.50
盐酸溶液体积/mL	5.00	5.00	2.50	5.00
丙酮溶液体积/mL(最后加)	5.00	2.50	5.00	5.00

(5)测量　将 5.00 mL 丙酮溶液加入 1 号溶液中，用蒸馏水定容。充分摇匀后，用秒表开始计时，将比色皿润洗 2 次，加入适量反应液，用吸水纸擦拭干净外壁水后放入测定位置，每隔 1 min 读取 1 次吸光度 A 值，记录 15 组数据(提前约 10 秒再向外拉动拉杆让测定位比色皿进入光路，读数后及时推入拉杆让参比位比色皿至于光路中，避免连续长时间光照对反应液的影响)。取出比色皿，倒掉反应液，用蒸馏水冲洗干净，同法测量 2~4 号样品。

实验结束后，剩余反应液倒入废液桶中，洗净容量瓶、比色皿及移液管。

五、注意事项

(1)丙酮溶液要最后加入容量瓶中，丙酮溶液加入后要尽量快地操作。

(2)KIO$_3$全部溶解后，加入 KI，微热助溶后再加入盐酸。

(3)每次计取读数前都要进行透光率 100%和零点调节。

(4)吸光系数 a 采用 0.020 0 mol·L^{-1}的碘溶液自行测定，或采用 $a = 180$ mol·L^{-1}·cm^{-1}。

六、数据处理

(1)分别将所测各组反应液的吸光度 A 对 t 作图，求其斜率，分别记为 r$_1$、r$_2$、

r_3、r_4。

(2)以 1 号和 2 号溶液的斜率（r_1 和 r_2）对丙酮浓度做双对数图，即 lg$r$ 对 lg$c^{(丙酮)}$ 作图，从直线斜率求出对丙酮的反应级数 x（可近似取整数）。

(3)以 1 号和 3 号溶液的斜率（r_1 和 r_3）对盐酸浓度做双对数图，即 lg$r$ 对 lg$c$（盐酸）作图，从直线斜率求出对盐酸的反应级数 y（可近似取整数）。

(4)以 1 号和 4 号溶液的斜率（r_1 和 r_4）对碘溶液浓度做双对数图，即 lg$r$ 对 lg$c$（I_2）作图，从直线斜率求出对碘的反应级数 z（可近似取整数）。

(5)根据公式 5 计算反应速率常数。

七、讨论

由于反应并不停留在一元卤化丙酮上，还会继续反应下去。故采用初始速率法测量开始一段的反应速率，实验中应尽可能缩短丙酮加入到开始读数的时间，从而保证测定反应的开始阶段。

八、思考题

1. 若将丙酮加至含有碘和盐酸的容量瓶中，并不立即开始计时，而是当混合物稀释至 50 mL 摇匀，并加入比色皿测定透光率时，再开始计时，对处理结果有无差别？为什么？

2. 在每次等待读数过程中，如将样品池放在光路中将会对反应有什么影响？

3. 丙酮溶液的配置中为何在容量瓶中加入少量蒸馏水？

4. 影响本实验精确度的主要因素有哪些？如何提高实验精确度？

九、实验数据记录表

将所测数据列入表 2-14 中。

表 2-14　实验数据记录表

温度：_____ 丙酮浓度：_____ 盐酸浓度：_____ 碘浓度：_____

反应时间 t/min	
吸光度 A	

实验 14　电导滴定

一、实验目的

1. 熟悉电导滴定的原理，用电导滴定法测定酸碱滴定过程中溶液电导率的变化；
2. 用软件绘图，并计算盐酸溶液及乙酸溶液的浓度；
3. 掌握用电导率仪测定电导率的实验技术。

二、基本原理

稀溶液电解质溶液的电导率与溶液中的离子多少、离子本性及温度有关。在一定温度下，如果离子的浓度、组成改变，电导率也将改变。滴定过程就是溶液中的离子浓度和组成改变的过程，也是溶液电导率改变的过程，电导率滴定法就是以溶液电导率的转折点作为化学反应终点的分析方法，该法适用于混浊、有色样品的测定。

如以强碱 NaOH 滴定强酸 HCl，滴定反应：

$$H^+ + Cl^- + Na^+ + OH^- \longrightarrow Na^+ + Cl^- + H_2O$$

原液中 H^+ 具有较大的电导率，滴定过程中，加入的 OH^- 和 H^+ 结合成电离度很小的 H_2O，同时有另一电导率较小的 Na^+ 进入溶液。相当于 Na^+ 代替了 H^+，故其电导率降低。到中和点时，主要是 Na^+、Cl^-、H_2O，其电导率最低。超过中和点后，溶液中电导率大的 OH^- 不断增加，故电导率又重新上升，滴定曲线如图 2-19 所示，就可由转折点求出酸碱中和的计量点。

如以强碱 NaOH 滴定弱酸 HAc，则其反应为：

$$HAc + Na^+ + OH^- \longrightarrow Na^+ + Ac^- + H_2O$$

原液中 HAc 电离度很小，只有极少量的 H^+ 及 Ac^-，故电导率很低。滴加入 NaOH 溶液后，形成了 HAc-NaAc 缓冲溶液，H^+ 浓度受到控制，随着电导率较小的 Na^+ 逐渐增加，溶液的电导率略有上升，超过中和点后，由于电导率大的 OH^- 不断累积，使溶液的电导率迅速上升，滴定曲线如图 2-20 所示，也可由转折点求出酸碱中和的计量点。

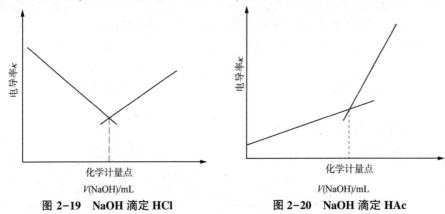

图 2-19　NaOH 滴定 HCl　　　　　图 2-20　NaOH 滴定 HAc

三、仪器与试剂

仪器：DDS-307 型电导率仪 1 台、电导电极 1 个、电磁搅拌器 1 台、搅拌子 1 个、25 mL 碱式滴定管 1 支、100 mL 烧杯 1 只、250 mL 烧杯 1 只、10 mL 移液管 2 支、100 mL 量筒 1 个。

试剂：$0.2 \ mol \cdot L^{-1}$ NaOH 标准溶液（浓度需标定）、HCl 溶液（浓度未知）、HAc 溶液（浓度未知）。

四、实验步骤

（1）DDS-307 型电导率仪的设置

①插接电源线，打开电源开关，预热 5min。

②把电极固定在电极夹上，将电极插头插入电极插口内，旋紧插口上的紧固螺丝。

③设置温度：在测量状态下，按"温度"键调节温度显示值，使温度显示为被测溶液

的温度，再按"确认"键，即完成当前温度设置；按"测量"键放弃设置，返回测量状态。

④设置电极常数：按"电极常数"键或"常数调节"键进入电极常数设置状态，显示屏上出现上下两组数值，按"常数调节"和"电极常数"分别调节上下两组数值，使得两组数值的乘积等于电导电极上所标明的电极常数值即可。

⑤测量：按"测量"键，仪器进入测量状态。测量前电导电极必须浸泡在蒸馏水中，测量时用蒸馏水再冲洗 1~2 次后浸入被测溶液中。

(2)用移液管吸取 10 mL 待测 HCl 溶液于烧杯中，加 100 mL 蒸馏水稀释，放入搅拌子，置烧杯于电磁搅拌器上，插入电导电极，开启磁力搅拌，用 NaOH 标准溶液滴定，每次滴加 1 mL，待溶液搅拌均匀后，读取溶液的电导率值，共测量 10 个数据点。

(3)将电极和搅拌子清洗干净，移取 10 mL HAc 溶液于另一烧杯中，加 200 mL 蒸馏水稀释，同上法测定。每次滴加 NaOH 溶液 2 mL，测定一次电导率，共测量 10 个数据点。

(4)实验结束，关闭各仪器电源，将电极洗净后浸于蒸馏水中备用。

五、注意事项

(1)实验前应检查碱式滴定管是否漏液，清洗干净并用 NaOH 标准溶液润洗 2~3 次。

(2)滴定开始前要注意排空滴定管尖嘴处的空气，且在后续的滴定操作中要注意正确挤压胶管中的玻璃珠，避免出现空气柱，影响滴定液体积的准确性。

(3)将电导电极插入溶液时，注意调整好插入的深度及位置，既要保证电极的金属铂片完全浸没于溶液中，又要避免和搅拌子碰撞。

(4)注意调节好磁力搅拌器的速度，不能过快而使液体飞溅或产生旋涡，也不能过慢而影响溶液均匀混合。

(5)一次滴定结束后，电导率仪显示的数值会跳动，这是因为溶液还未混合均匀，待其稳定后再记录电导率值。

(6)电导电极在使用完后要用蒸馏水冲洗干净，并浸泡于蒸馏水(保护帽)中备用。

六、数据处理

(1)列表记录实验数据。

(2)分别以 $\kappa - V(NaOH)$ 作图，求得中和点时所用 NaOH 溶液体积，并计算出 HCl 溶液和 HAc 溶液的浓度。

七、讨论

有关溶液电导率数据的应用范围很广泛，可以用来检验水的纯度，计算弱电解质的解离度和解离常数，测定难溶盐的溶解度，也可以测定水中含盐量，作为化学动力学指示，测定临界胶团浓度，进行电导滴定等实验。

电导滴定法一般用于酸碱滴定和沉淀滴定，但不适用于氧化还原滴定和络合滴定，因为在氧化还原或络合滴定中，往往需要加入大量其他试剂以维持和控制酸度，所以在滴定过程中溶液电导率的变化就不太显著，不易确定滴定终点。

一定温度时，在稀溶液中，离子的电导率与其浓度成正比。如果滴定液加入后，使原溶液体积发生明显改变，那么所加入溶液的体积与溶液的电导率就不呈线性关系，这是由于存在稀释效应的影响。为了避免滴定过程中由于滴定剂加入过多使得总体积变化过大而引起溶液电导率的改变，一般要求低定剂的浓度比待测溶液浓度大 10 倍以上。如果稀释效应显著，溶液的电导率应按稀释程度进行校正后再作滴定曲线。

同一样品平行测定两次的过程中，可以尝试向相同体积的待测样品中加入不同体积的蒸馏水，如 100 mL 和 200 mL，比较稀释效应对总酸含量测定结果的影响。

酸度计法是另外一种较电导滴定法更为简便适用的方法，它是用氢氧化钠标准溶液滴定待测溶液中的酸，以酸度计指示滴定终点。根据国家标准 GB/T 12456—2008《食品中总酸的测定》中的规定，对乙酸而言，其滴定终点 pH 值为 8.3±0.1。

八、预习题

1. 电导滴定的原理是什么？

2. 两种滴定体系中，为什么会出现电导率的转折点？

3. 滴加 NaOH 标准溶液时，是否需要小心翼翼地调节滴加溶液体积为整数 1.00、2.00、3.00 mL……还是只需按一定体积间隔滴加并准确读数（如 1.04、1.98、3.02 mL……）即可？

九、预习测试题

1. 测定乙酸溶液的电导率时应使用(　　)。

  A. 甘汞电极　　　　　　　　　　B. 银–氯化银电极

  C. 铂黑电极　　　　　　　　　　D. 玻璃电极

2. 电导测定在实验室或实际生产上得到广泛的应用，但下列问题中不能通过电导测定得到解决的是(　　)。

  A. 求弱电解质的解离平衡常数　　B. 求难溶盐的溶度积

  C. 求弱酸的电离度　　　　　　　D. 求平均活度系数

3. 标定电导池常数可以采用(　　)。

  A. 1.0 mol·L^{-1} HCl 溶液　　　　B. 惠斯顿标准电池

  C. 0.01mol·L^{-1} KCl 溶液　　　　D. 标准氢电极

4. 电解质溶液的摩尔电导率随溶液浓度的增大而(　　)。

  A. 先增大后减小　　　　　　　　B. 增大

  C. 先减小后增大　　　　　　　　D. 减小

5. 298.15 K 无限稀释的水溶液中，离子的摩尔电导率最大的(　　)。

  A. H^+　　　　　　　　　　　　B. K^+

  C. Mg^{2+}　　　　　　　　　　　D. Al^{3+}

十、思考题

1. 电导滴定法与指示剂法相比，有何优点？

2. 如果食醋中(主要含乙酸)含有少量无机酸(如盐酸)，滴定曲线有何变化？为什么？

3. 电导滴定时，为何要先用水稀释待测盐酸、乙酸溶液？所加蒸馏水是否需要用移液管精确移取？用量筒量取对总酸含量的测定结果有无明显影响？

十一、实验数据记录表

将所测数据填入表 2-15 中。

表 2-15 实验数据记录表

NaOH 标准溶液的浓度：_____ $mol \cdot L^{-1}$

$V(NaOH)/mL$
$\kappa/mS \cdot cm^{-1}$

实验 15 电池电动势的测定

一、实验目的

1. 熟悉电动势测定原理和方法；
2. 用对消法(补偿法)测定不同温度化学电池的电动势，并计算温度系数；
3. 计算电池反应的热力学函数 $\Delta_r S_m$、$\Delta_r H_m$、$\Delta_r G_m$。

二、基本原理

电池电动势的测定，在物理化学实验中占有重要地位。它实际上是测定一系列物理化学常数所最常用的方法之一。热力学各函数、电化学常数、平衡常数、pH 值等均可通过电动势的测定来求得。

电池电动势不能直接用伏特计来测定。因为电池与伏特计相接后，便成通路，电流通过引发电化学变化，溶液浓度改变，电动势不能保持恒定，不能称其为可逆电池电动势了，而且电池本身有内阻，伏特计测得的电位差仅为电动势的一部分，即端电压。

利用补偿法可以在电池无电流(或极小电流)通过时测得两极的电位差，才能表征电池电动势。所谓补偿法是几乎不从未知电动势取得电流而是从另一个电源供给电流，在工作电路上给予一定的电压，与未知电池电动势在数值上精确相等，而方向相反，这时测定电路里就没有电流通过，从抵偿的电位差就可以测出未知电池电动势，如图 2-21 所示。

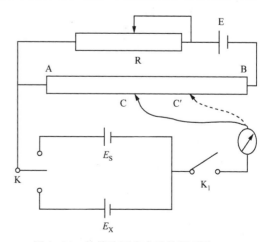

图 2-21 补偿法测定电动势原理图

图中 AB 是一根粗细均匀并标有刻度的高电阻线。由工作电池 E 供给电流,使 AB 线上产生均匀的电位差。C 为滑动接头,随着它的滑动,在 AB 端将获得不同的电位差。为了求得 AC 线段的电位差数值,在测定电动势之前需要先用一个电动势已知而且恒定的标准电池(E_S)来校正。将双向开关 K 扳向标准电池,把滑动接头固定在相当于 AC 刻度数值等于标准电池电动势的位置 C 处,调节 R,使检流计无电流通过,固定 R。此时标准电池电动势 E_S 正好和 AC 线段的电位差相等。由于电阻线是均匀的,所以此时 AB 线上的刻度就与该线段上的电位差数值完全对应了,然后将双向开关 K 扳向待测电池 E_X,在其他实验条件都不改变的情况下,滑动接头 C 找到另一个使检流计无电流通过的位置 C′,则 AC′线段的电位差等于待测电池的电动势 E_X。

因为电池内进行的化学反应是可逆的,则电池反应在恒温恒压下的自由能变($\Delta_r G_m$)和电池电动势 E 有以下关系:

$$\Delta_r G_m = -nFE \tag{1}$$

式中,n 是电极反应中得失电子的计量系数;F 是法拉第常数。

又因为

$$\left(\frac{\partial \Delta_r G_m}{\partial T}\right)_p = -\Delta_r S_m \tag{2}$$

所以电池反应的熵变可以表示为

$$\Delta_r S_m = nF\left(\frac{\partial E}{\partial T}\right)_p \tag{3}$$

式中,$\left(\frac{\partial E}{\partial T}\right)_p$ 是电池的温度系数。

电池反应在恒温恒压下进行时,所引起系统焓的变化可由下式求得

$$\Delta_r H_m = T\Delta_r S_m + \Delta_r G_m = nFT\left(\frac{\partial E}{\partial T}\right)_p - nFE \tag{4}$$

显然,在恒压下测定了可逆电池在不同温度下的电动势之后,即可求得此电池反应在各个温度下的自由能变化,熵的变化值以及焓的变化值。

三、仪器与试剂

仪器:SDC-Ⅱ型数字电位差综合测试仪 1 台、恒温装置 1 套、银电极 2 个、大试管 2 个、20 mL 量筒 2 个、饱和 NH_4NO_3 盐桥 1 支。

试剂:0.1 mol · L^{-1}NaCl 溶液、0.1 mol · L^{-1} AgNO$_3$溶液。

四、实验步骤

(1)调节恒温槽的温度为 25.0 ℃±0.3 ℃。

(2)配制电池 先在一支试管内加入 0.1 mol · L^{-1} AgNO$_3$溶液 15~20 mL,插入银电极(如果银电极表面氧化发黑,可先用砂纸打磨光亮),在另一支试管中加入 0.1 mol · L^{-1}NaCl 溶液 15~20 mL,再滴入 2~3 滴 0.1 mol · L^{-1} AgNO$_3$溶液,使生成饱和 AgCl(有混浊出现),插入银电极,即配成银-氯化银电极,并以饱和 NH_4NO_3盐桥联通两试管,如图 2-22 所示,组成电池 Ag(s) | AgCl(s) | Cl$^-$(0.1mol · L^{-1}) ‖ Ag$^+$

$(0.1\text{mol} \cdot \text{L}^{-1}) \mid \text{Ag}(\text{s})$。其代表的电池反应为

$$\text{Ag}^+(a_{\text{Ag}^+}) + \text{Cl}^-(a_{\text{Cl}^-}) \rightarrow \text{AgCl}(\text{s})$$

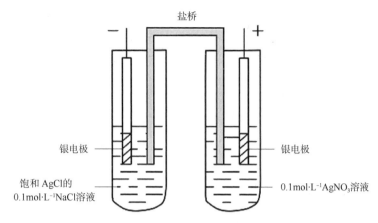

图 2-22　待测电池示意图

（3）将电池放入已调好的恒温槽中，恒定 5 min 以上，为使电极溶液与水浴温度尽快一致，可轻轻摇动大试管 2~3 次。

（4）开启电位差计电源，预热数分钟。将"测量选择"置于"内标"位置上，调节"10^0~10^{-5}"6 个旋钮，使"电位指示"为"1.00000"V，然后调节"采零"按钮，使"检零指示"接近"0000"，此后，在整个测量过程中不得再触碰"采零"旋钮，否则将影响测量结果。

（5）将被测电池按"+、-"极性和面板上"测量"端子对应连接好，并将"测量选择"置于测量，依次调节"10^0~10^{-5}"6 个旋钮，使"检零指示"接近"0000"，此时"电位指示"值即为被测电池电动势值，读取电动势的数值后，应及时将电池与电位差计断开，下次测定时再连接上，以防电池内部溶液浓度发生变化。

（6）恒温槽温度每升高 5℃左右，恒定 5 min 左右，期间可轻轻摇动大试管 2~3 次。依步骤（5）方法测量，共测量 5~6 组数据。水浴温度不宜超过 50℃。

（7）测定结束后，将电池中的溶液倒入指定的回收瓶中。

（8）利用实验室现有的仪器和试剂，自己设计一种银离子浓差电池。搭建反应装置并测量在室温下该电池的电池电动势。

五、注意事项

（1）恒温槽水浴液面要保证高于试管内电池溶液液面，以免试管内部分液体高出水浴，导致恒温时温度达不到要求。

（2）制备好的盐桥平时是浸在 NH_4NO_3 溶液中的，从烧杯中取出使用或使用完后放入时均需用蒸馏水冲洗干净。

（3）检零调节完成后，在一个测量周期内，不得再触碰"采零"按钮；如果实验中意外断电，则需要在重新开机后再次进行校正。

（4）将电池和电位差计连接时，正负极一定不要接反。

（5）恒温槽水浴温度不要超过 50℃，以免温度过高时盐桥内的琼脂凝胶液化。

六、数据处理

(1)列表记录数据。

(2)以温度 T 为横坐标，电动势 E 为纵坐标作图，从直线斜率得到电池温度系数，再分别求出 298.15 K 下电池反应诸热力学函数的变化值（$\Delta_r G_m$、$\Delta_r S_m$、$\Delta_r H_m$）。（注意：计算机处理数据得到的直线方程中斜率和截距至少应保留 5 位有效数字，如 $y = -0.000\,744\,66x + 0.662\,49$）

(3)写出浓差电池的电池符号、电极反应和电池反应，根据实验测得的浓差电池电动势及相关公式，计算电池正、负极银离子活度的比值 a_1/a_2。

七、讨论

研究可逆电池的电动势具有十分重要的意义，它不仅揭示了化学能转化为电能的最高限度，从而为改善电池性能提供依据，而且更重要的是在研究可逆电池电动势的同时，也为解决化学热力学问题提供了电化学的方法和手段。由于电动势能够精确测量，所以由电化学方法测得的一些热力学函数（如 $\Delta_r G_m$、$\Delta_r S_m$、$\Delta_r H_m$ 等），往往比量热法得到的要精确一些。当然，电化学方法也有其局限性，因为并非所有的化学反应都能设计成电池。

电动势的测量属于平衡测量。为了使测量过程尽可能在可逆条件下进行，因而采用了对消法。测量中应注意在电池回路接通之前，事先估算电池的电动势，然后将电位差计旋钮调节到电池电动势估算值的附近，调节检零指示到零时动作要尽可能迅速，避免测定时回路中较长时间、有较大电流通过。

近年来由于实验技术的发展，使测量过程更加自动化，目前在实验中使用的数字电位差计，由于它们的输入阻抗极高，几乎是在没有电流通过的条件下测量的，因而其测量精度比传统的电位差计更高。

八、预习题

1. 为什么不能用伏特计测量电池电动势？

2. 根据电池反应的能斯特方程，试估算一下所配制电池的电动势大约是多少伏特？（假设溶液中相关离子的活度系数近似等于其浓度）

3. 如何从外观上区分本实验中所配制电池的正、负极？

4. 实验中每次升温后，如果不恒温或恒温时间不足，对电池电动势的测定会产生什么影响？你认为测定值是会偏高还是偏低？

九、预习测试题

1. 在使用电位差计测电动势时，首先必须进行"标准化操作"，其目的是（　　）。

A. 校正检流计的零点　　　　　　B. 标定工作电流

C. 校正标准电池的电动势　　　　D. 检查线路是否正确

2. 一个电池反应确定的电池，E 值的正或负可以用来说明（　　）。

A. 电池是否可逆　　　　　　　　B. 电池反应是否达平衡

C. 电池反应自发进行的方向　　　D. 电池反应的限度

3. 原电池在恒温恒压下可逆放电时，在此过程中与环境交换的热量为(　　)。

A. $T\Delta_r S_m$ 　　　　　　　　B. $\Delta_r H_m$

C. $\Delta_r G_m$ 　　　　　　　　D. 零

4. 下列可逆电极属于第三类氧化/还原可逆电极的是(　　)。

A. $Na^+ \mid Na(Hg)n$ 　　　　　　B. $Fe^{3+}, Fe^{2+} \mid Pt$

C. $H^+ \mid H_2, Pt$ 　　　　　　D. $OH^- \mid Ag_2O, Ag$

5. 用对消法测定电池电动势时，如发现"检零指示"一直显示溢出符号"OUL"，而调节不到"0"，与此现象无关的因素是(　　)。

A. 被测电池没放置盐桥　　　　B. 测量时电池正负极接反

C. 测量线路接触不良(有断路)　　D. 检流计灵敏度较低

十、思考题

1. 在补偿法测定电动势的装置中，工作电池和标准电池各起什么作用？

2. 测电动势为什么要用盐桥？如何选用盐桥以适应不同的体系？

十一、实验数据记录表

将所测各温度下电池电动势填入表 2-16 中。

表 2-16　实验数据记录表

$t/℃$	
T/K	
E/V	

实验 16　土壤 pH 值的测定

一、实验目的

1. 利用比色法和电位法测定土壤的 pH 值；

2. 理解电位法测定 pH 值的基本原理，学会混合指示剂的速测和电位测定的操作技术。

二、基本原理

土壤里有很多有机酸、无机酸、碱以及盐类物质，各种物质的含量不同，使土壤显示出不同的酸碱性。土壤的酸碱性可以用酸度表示，即用 pH 值表示土壤的酸碱性。土壤 pH 值是土壤溶液中氢离子活度的负对数，是土壤重要的基本性质，也是影响土壤肥力的重要因素之一，它直接影响土壤养分的存在形态和有效性。我国各类土壤 pH 值变化范围很大，可用"东南酸、西北碱、南北差异大"来概括。pH 值在 6.5~7.5 范围内的土壤叫中性土。土壤酸碱度的分级情况见表 2-17 所列。

表 2-17　土壤酸碱度的分级情况

pH 值	土壤酸碱度	pH 值	土壤酸碱度
4.5~5.5	酸性	7.5~8.5	弱碱性
5.5~6.5	弱酸性	8.5~9.5	碱性
6.5~7.5	中性	>9.5	弱碱性

土壤的酸碱度会影响作物生长，各种作物对土壤 pH 值的要求是不同的。表 2-18 中列出了一些主要农作物适宜生长的酸度范围。

表 2-18　农作物适宜生长的酸度范围

作物	适宜 pH 值范围	作物	适宜 pH 值范围
水稻	5.7~7.0	棉花	6.0~8.0
小麦	6.0~7.0	茶	4.5~5.5
大麦	6.0~7.0	花生	5.0~6.0
玉米	6.0~7.0	西瓜	6.0~7.0
油菜	5.8~6.7	番茄	6.0~7.0
大豆	6.5~7.5	甘蔗	6.0~8.0

土壤 pH 值的测定可分为比色法、电位法两大类。比色法有简便、不需要贵重仪器、受测量条件限制较少、便于野外调查使用等优点，但准确度低。由于科学技术的发展，可适用于各种情况测定的形式多样的 pH 玻璃电极和相应精密的现代化测量仪器，使电位法有准确、快速、方便等优点，目前也有多种适合于天间或野外工作的微型 pH 计，准确度可达 0.01 pH 单位。

1. 比色法

指示剂颜色会随着溶液 pH 值的改变而变化，即指示剂在不同 pH 值的土壤溶液中会显示不同颜色，据此可测定土壤的 pH 值。

2. 电位法

用 pH 计测定土壤悬浊液 pH 值时，常用玻璃电极为指示电极，甘汞电极为参比电极。当玻璃电极和甘汞电极插入土壤悬浊液时，构成电池反应，两者之间产生一个电位差，由于参比电极的电位是固定的，因而该电位差的大小决定于溶液中氢离子活度，而氢离子活度的负对数就是 pH 值，可由 pH 计直接读出。

土壤 pH 值的测定一般采用无二氧化碳蒸馏水作浸提剂。酸性土壤由于交换性氢离子和铝离子的存在，采用氯化钾作浸提剂；中性和碱性土壤，为减少盐类带来的误差，采用氯化钙溶液作为浸提剂。浸提剂与土壤的比例通常为 2.5∶1，盐土用 5∶1。浸提液经平衡后，用酸度计测定 pH 值。

三、仪器与试剂

仪器：pH 计、白瓷板、胶头滴管、标准色卡、玛瑙研钵。

试剂：溴甲酚绿、溴甲酚紫、甲酚红、0.1 mol · L^{-1} NaOH 溶液、pH 标准缓冲溶液。

四、实验步骤

1. 比色法

(1)pH4~8 混合指示剂 称取溴甲酚绿、溴甲酚紫和甲酚红各 0.25 g，放在玛瑙研钵中，加 15 mL 的 0.1 mol·L⁻¹ NaOH 溶液及 5 mL 蒸馏水，共同研匀，再用蒸馏水稀释至 1 L。

(2)取黄豆粒大小的过 2 mm 筛的土样，放入白瓷板孔穴中，加蒸馏水 1 滴，再加入 pH 混合试剂 3~5 滴(湿润样品稍有余为宜)，用玻棒充分搅拌，静置片刻，待上层澄清后倾斜白瓷板，观察溶液的颜色，并与标准色卡比较，确定土壤样品 pH 值。

2. 电位法

(1)风干 新鲜样品应进行风干。将样品平铺在干净的纸上，摊成薄层，于室内阴凉通风处风干，切忌阳光直接暴晒。风干过程中应经常翻动样品，加速干燥。风干场所应防止酸、碱即气体及灰尘的污染，当样品达到半干状态时，宜及时将大土块捏碎。亦可在不高于 40 ℃条件下干燥土样。

(2)磨细与过筛 用四分法分取适量风干样品，剔除土壤以外的侵入体，如动植物残体、砖头、石块等，再用圆木棍将土样碾碎，使样品全部通过 2 mm 孔径的实验筛。过筛后的土样应充分混匀，装入玻璃广口瓶、塑料瓶或洁净的土样袋中，备用。贮存期间，试样应尽量避免日光、高温、潮湿、酸碱气体等的影响。

(3)试样溶液的制备 称取 10.0 g 试样，置于 50 mL 的高型烧杯或其他适宜的容器中，并加入 25 mL 水(或氯化钾溶液或氯化钙溶液)。将容器密封后，用磁力搅拌器搅拌 5 min，然后静置 1 h。

(4)pH 计的校正 按照仪器说明书，必须使用 3 种 pH 标准缓冲溶液进行 pH 计的校正。将盛有缓冲溶液并内置搅拌子的烧杯置于磁力搅拌器上，开启磁力搅拌器。搅拌平稳后将电极插入缓冲溶液中，待读数稳定后读取 pH 值，进行仪器 pH 校正。

(5)试样溶液 pH 值的测定 测量试样溶液的温度与标准缓冲溶液的温度之差不应超过 1 ℃。pH 值测量时，应在搅拌的条件下或事前充分摇动试样溶液后，将电极插入试样溶液中，待读数稳定后读取 pH 值。结果保留一位小数。并应标明浸提剂的种类。在重复性条件下获得的两次独立测定结果的差值不大于 0.1。不同实验室测定结果的差值不大于 0.2。

五、注意事项

(1)复合电极不用时，应将电极插入装有电极保护液的瓶内，以使电极球泡保持活性状态。不应长期浸泡在蒸馏水中。

(2)取下电极保护套后，应避免电极头部被碰撞，以免电极的玻璃球泡破裂，使电极失效。

(3)使用加液型电极时，应注意电极内参比液是否减少，若少于 1/2 容积，可用滴管从上端小孔加入 3 mol·L⁻¹ KCl 溶液。测量时应将封孔橡皮套向下移，以便露出小孔。复合电极不使用时，应用橡皮套封住小孔，防止补充液干涸。

（4）电极在悬液中所处的位置对测定结果有影响，要求将甘汞电极插入上部不清液中，尽量避免与泥浆接触，以减少甘汞电极液接电位的影响。

（5）温度对土壤 pH 值的测定具有一定影响，在测定时，应按照要求控制温度。

（6）在测定时，将电极插入试样的悬浊液，应注意去除电极表面气泡。

六、讨论

影响土壤 pH 值测定的主要因素有如下两个：一是液土比例，对于中性和酸性土壤，一般情况是土壤悬液越稀即液土比例越大，pH 值越高。大部分土壤从脱黏点到液土比 10:1 时，pH 值增加 0.3~0.7 单位。所以，为了使测定结果能够互相比较，在测定 pH 值时，液土比应该加以固定。国际土壤学会规定液土比例为 2.5:1。二是提取与平衡时间，在制备土壤悬液时，土壤与提取剂的浸提平衡时间不够，则将影响土壤胶体扩散层与自由溶液之间的氢离子分布状况，因而引起误差。在现行的各种方法中，有搅拌 1~2 min 放置 30 min；有搅拌 1 min 再平衡 5 min；振荡 1 h 后平衡 30 min，还有其他的处理方法。对不同土壤，搅拌与放置平衡时间要求有不同。就我国大多数土壤，1 h 的平衡时间一般已够，过长时间可能因微生物活动也会引起误差。

七、预习题

1. 简述土壤样品的制备过程。
2. 简述 pH 计的校正过程及注意事项。
3. 以水为土壤浸提剂时，是否可以直接使用自来水？为什么？
4. 是否每次测量前，都要重新校正 pH 计？

八、预习测试题

1. pH 计测量的是（　　），而刻度指的是 pH 值。
   A. 电池的电动势　　　　　　　B. 电对的强弱
   C. 标准电极电势　　　　　　　D. 离子的活度
2. pH 计测定之前，要先用标准（　　）溶液进行校正。
   A. 酸性　　　　　　　　　　　B. 碱性
   C. 中性　　　　　　　　　　　D. 缓冲
3. 温度对土壤 pH 值的测定（　　）。
   A. 有影响　　　　　　　　　　B. 无影响
   C. 有时有影响　　　　　　　　D. 不确定
4. 浸提剂为水时，水与土壤的比例通常为（　　）。
   A. 2:1　　　　　　　　　　　B. 2.5:1
   C. 5:1　　　　　　　　　　　D. 25:1

九、思考题

1. 如何选择 pH 计校正缓冲溶液？
2. 测定样品时，电极探头应处于样品溶液的什么位置？
3. 比较说明比色法、pH 计法测定土壤 pH 值的优缺点。

实验 17 离子迁移数的测定

一、实验目的

1. 加深对法拉第电解定律的理解；
2. 加深理解迁移数的意义；
3. 掌握分光光度法测定 Cu^{2+} 和 SO_4^{2-} 的迁移数。

二、基本原理

电解质溶液导电是依靠阴阳离子的定向迁移来实现的。在外加电场下，阴离子向阳极迁移，阳离子向阴极迁移，阴阳离子共同承担传递电量的任务。离子迁移数就是阴阳离子各自承担的传递电量 q（或电流 I）的百分数。

$$t_+ = \frac{q_+}{q_+ + q_-} = \frac{I_+}{I_+ + I_-} = \frac{n_+}{n} \; ; \; t_- = \frac{q_-}{q_+ + q_-} = \frac{I_-}{I_+ + I_-} = \frac{n_-}{n} \; ; \; t_+ + t_- = 1$$

式中，t_+、t_- 分别是阳、阴离子的迁移数；q_+、q_- 和 q 分别是阳、阴离子各自迁移的电量和通入的总电量；I_+、I_- 和 I 分别是阳、阴离子所负载的电流和总电流；n_+、n_- 和 n 分别是阳离子向阴极移动的物质的量、阴离子向阳极移动的物质的量和通入的总电荷的物质的量。

希托夫法是根据电解前后两电极区电解质数量的变化来求算离子的迁移数。两个金属电极放在含有电解质溶液的电解池中，可设想在这两个电极之间的溶液中存在着 3 个区域：阳极区、中间区和阴极区，如图 2-23 所示。假定阳离子迁移速率是阴离子的 3 倍，且阴阳离子都是一价的。根据法拉第（Faraday）电解定律，当通入 4 mol 电子的电量时，一方面阴极上有 4 mol 的阳离子被还原，阳极上有 4 mol 的阴离子被氧化，另一方面阴极区有 3 mol 阳离子迁入（$n_+ = 3$ mol），阳极区只有 1 mol 的阴离子迁入（$n_- = 1$ mol），然而，与通电前相比，通电后阴、阳极区离子浓度发生了明显的变化。在如图 2-24 所示的迁移管中，装入一定浓度的电解质溶液，接通电源，通入一定的电量后，通过测定阴极区和阳极区的离子浓度，计算得到相应的离子迁移数 t。

以 Cu 为电极，电解稀 $CuSO_4$ 溶液为例，阳极区 Cu 电极被氧化成 Cu^{2+}，Cu^{2+} 浓度上升，阴极区 Cu^{2+} 被还原成 Cu 沉积到电极上，Cu^{2+} 浓度下降。因此，可以根据电解前后，阳极区 Cu^{2+} 的物质的量浓度计算出其迁移数，进而得到 SO_4^{2-} 的迁移数。

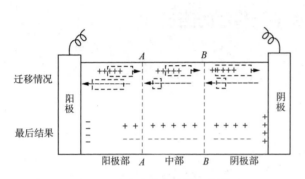

图 2-23　离子的电迁移示意图

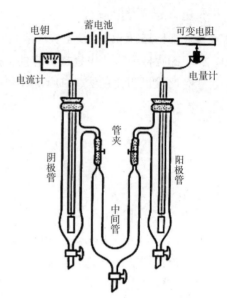

图 2-24　离子的迁移数测定装置

$$t_{Cu^{2+}} = \frac{n_{迁}}{n_{电}} = \frac{n_{后} + n_{电} - n_{前}}{n_{电}}\ ;\ t_{SO_4^{2-}} = 1 - t_{Cu^{2+}}$$

CuSO$_4$溶液在可见光区 810 nm 波长处有最大吸收，且其在低浓度范围(< 0.1 mol·L^{-1})内遵守朗伯-比尔定律，因此阳(或阴)极区 Cu^{2+}离子浓度可通过分光光度法测定。

三、仪器与试剂

仪器：迁移管 1 套、铜电极 2 只、离子迁移数测定仪 1 台、库仑计 1 台、分光光度计 1 台、分析天平 1 台、50 mL 碱式滴定管 1 只、250 mL 碘量瓶 1 只、100 mL 碘量瓶 1 只，25 mL 容量瓶 5 只、250 mL 锥形瓶 3 只、20 mL 移液管 3 只、吸量管、50 mL 烧杯 3 只。

试剂：0.05 mol·L^{-1}CuSO$_4$溶液、0.1 mol·L^{-1}CuSO$_4$标准溶液、0.05 mol·L^{-1}Na$_2$S$_2$O$_3$标准溶液、1 mol·L^{-1}HNO$_3$溶液、1 mol·L^{-1}乙酸溶液、10%KI 溶液、0.5%淀粉指示剂、4 mol·L^{-1}HCl 溶液、0.015 mol·L^{-1}K$_2$Cr$_2$O$_7$溶液、乙醇(分析纯)。

四、实验步骤

1. Na$_2$S$_2$O$_3$溶液的标定

准确移取 20 mL 标准 K$_2$Cr$_2$O$_7$溶液于 250 mL 的碘量瓶中，加入 4 mol·L^{-1}HCl 溶液 6 mL，10%KI 溶液 8 mL，摇匀后放在暗处 5 min，待反应完全后，加入 80 mL 蒸馏水，立即用待滴定的 0.050 mol·L^{-1}Na$_2$S$_2$O$_3$溶液滴定至近终点，即溶液呈淡黄色，加入 0.5%淀粉指示剂 1 mL(大约 10 滴)，继续用 Na$_2$S$_2$O$_3$溶液滴定至溶液呈现亮绿色为终点。平行测定 3 次，计算 Na$_2$S$_2$O$_3$溶液的浓度。

$$c(\mathrm{Na_2S_2O_3}) = \frac{c(\mathrm{K_2Cr_2O_7}) \cdot V(\mathrm{K_2Cr_2O_7})}{V(\mathrm{Na_2S_2O_3})} \times 6$$

用移液管吸取 10 mL 0.10 mol·L⁻¹ CuSO₄ 标准溶液于 250 mL 锥形瓶中，加入 10 mL KI 溶液和 10 mL 1.0 mol·L⁻¹ 乙酸溶液，用 0.050 mol·L⁻¹ Na₂S₂O₃ 标准溶液滴定至淡黄色后，加入 1 mL 0.5% 淀粉指示剂，再次滴定至紫色消失。平行测定 3 次，计算出硫酸铜标准溶液的准确浓度。

$$c(\mathrm{CuSO_4}) = \frac{c(\mathrm{Na_2S_2O_3}) \cdot V(\mathrm{Na_2S_2O_3})}{V(\mathrm{CuSO_4})}$$

2. CuSO₄ 标准溶液的标定

用 5 只 25 mL 容量瓶稀释 0.10 mol·L⁻¹ CuSO₄ 标准溶液，分别配置浓度为 0.030、0.040、0.050、0.060、0.070 mol·L⁻¹ 的 CuSO₄ 溶液。用去离子水为参比，在 810 nm 处测定以上 5 个溶液的吸光度。以测得的吸光度为纵坐标，浓度为横坐标，绘制 CuSO₄ 溶液标准曲线。

3. CuSO₄ 溶液离子迁移数的测定

(1)先用去离子水洗干净迁移管，再用 0.050 mol·L⁻¹ CuSO₄ 溶液荡洗二次(活塞尖端也要荡洗)，最后将盛有 CuSO₄ 溶液的迁移管安装到固定架上，并把阳极和阴极浸入(电极浸入前依次用去离子水和 CuSO₄ 溶液冲洗)，赶走管内气泡。

(2)将库仑计中阴极铜电极取下，用细砂纸磨光除去表面氧化层，用水冲洗，在 1 mol·L⁻¹ HNO₃ 中浸洗，用蒸馏水洗净，蘸以乙醇并吹干，在分析天平上称量后装入库仑计中。

(3)迁移管、毫安计、铜电量计及直流电源按图 2-24 接连，接通电源，调节电流强度约为 20 mA，连续通电 90 min(通电时要注意电流稳定)。

(4)停止通电后，迅速放下中部区的溶液，再分别放下阴极、阳极区的溶液(接液所用的小烧杯须提前洗净、烘干、编号、称量)。

(5)从电量计中取出阴极铜片，用水冲洗后再蘸以酒精，吹干后称量。分别取各区溶液，在与测量标准曲线相同的条件下，测量其吸光度，根据试样溶液的吸光度，在标准曲线上即可查出被测溶液浓度。

五、注意事项

(1)实验用到的所有铜电极必须用纯度为 99.999% 的电解铜。

(2)必须避免实验过程中能引起溶液扩散、搅动、对流等的因素。

(3)阴、阳极的位置不能装反。

(4)迁移管活塞下端应充满溶液，电极上不能附有气泡，所通电流不能太大。

(5)通电结束后阳极区、阴极区、中部区的溶液要分别盛放，不能相互混合。

(6)通电完毕后，从阳极管、阴极管和中间管中放出溶液的速度一定要缓慢，以免引起溶液的搅动。

六、数据处理

(1)根据不同浓度 CuSO₄ 溶液的吸光度，绘制 CuSO₄ 溶液标准曲线(A 与 C 的关系图)。

（2）根据中间区的吸光度，计算每克水中所含 $CuSO_4$ 的克数，并比较实验前后浓度变化值，如果变化较大，需要重做实验。

（3）由电量计中铜阴极所增加的质量，或吸光度法测出通入迁移管中的电量，通过该电量计算出阳极溶入阳极区溶液中 Cu^{2+} 的物质的量（$n_电$）。

（4）由电量计中铜阴极所减少的质量，或吸光度法算出通电后 $CuSO_4$ 的克数，再换算为 Cu^{2+} 物质的量（$n_后$）。

（5）计算出通电前阳极区铜离子的物质的量（$n_前$），并按 $n_后 = n_前 + n_电 - n_迁$ 算出 $n_迁$ 值，进而计算出 $t_{Cu^{2+}} = \dfrac{n_迁}{n_电}$ 和 $t_{SO_4^{2-}} = 1 - t_{Cu^{2+}}$。

七、讨论

强电解质在指定的浓度和温度下，迁移数可严格确定。而对于弱电解质，一种离子被析出时，该离子浓度的局部减少将被进一步电离出的离子所抵消，这些情况将使弱电解质的迁移数不能准确测定。

离子迁移数有多种测定方法，常用的有界面移动法、电动势法和希托夫法。界面移动法虽然原理简明、测量精度较好，但对许多离子要获得清晰的界面往往要借助于其他试剂，操作要求高。电动势法测定离子的迁移数，要求对同一体系组装成有液接电势和无液接电势的两组电池，测量仪器复杂，操作烦琐，而有液接电势的电池还存在电动势测量重现性差等不足，因而测量结果的可靠性难以保证。希托夫法是较经典的测定离子迁移数的方法，尽管用这种方法测定的是表观离子迁移数，但原理简明，方法简便，实验中选用此法测量离子迁移数不失为一个合适的选择。

测定离子迁移数的关键问题是对电量的精确测量。采用金属库仑计来测量电解过程中通过被测电解质溶液的总电量，无论是用银库仑计，还是铜库仑计，金属片在通电前后分别要通过一定要求的处理，手续烦琐，往往会引入较大的误差。

八、预习题

1. 简述希托夫测定迁移数的基本原理。

2. $0.1mol \cdot L^{-1}$ KCl 和 $0.1 mol \cdot L^{-1}$ NaCl 中的氯离子其迁移数是否相同？

3. 通电解前后中部区溶液的浓度改变，说明什么？如何防止？

九、预习测试题

1. 阳离子的迁移数与阴离子的迁移数之和是（　　）。

A. 大于1　　　　　　　　　　B. 等于1

C. 小于1　　　　　　　　　　D. 无法确定

2. 某 KCl 溶液中，Cl^- 离子的迁移数为 0.505，该溶液中 K^+ 离子的迁移数为（　　）。

A. 0.505　　　　　　　　　　B. 0.495

C. 67.5　　　　　　　　　　D. 64.3

3. 希托夫法测 $CuSO_4$ 溶液中 Cu^{2+} 离子迁移数时，下列说法不正确的是(　　)。

A. 中间区浓度基本不变　　　　　B. 阴极区浓度减少

C. 阳极区浓度减少　　　　　　　D. 回路中的电量即可由电量计求得

4. 通入 4F 电量，含 Cu^{2+} 的溶液中最多析出 Cu 的克数约为(　　)。

A. 4　　　　　　　　　　　　　B. 64

C. 32　　　　　　　　　　　　　D. 128

5. 已测出 $(NH_4)_2SO_4$ 溶液中 SO_4^{2-} 的迁移数为 0.4，则 NH_4^+ 的迁移数为(　　)。

A. 0.6　　　　　　　　　　　　B. 0.4

C. 0.2　　　　　　　　　　　　D. 0.3

十、思考题

1. 如以阳极区电解质溶液的浓度变化计算，其计算公式应如何？

2. 在 $CuSO_4$ 溶液中加入 NH_3 后，离子的迁移数将会发生什么变化？

3. 实验过程中电流值为什么会逐渐减小？

4. 如何求得 Cl^- 离子的迁移数？

5. 如果迁移管中有气泡，会对实验有什么影响？

6. $CuSO_4$ 溶液标准曲线测定时，Cu^{2+} 的浓度为什么不能太高？

十一、实验数据记录表

将所测数据填入表 2-19 和表 2-20 中。

表 2-19　$CuSO_4$ 溶液吸光度的测定

$c/mol \cdot L^{-1}$	0.030	0.040	0.050	0.060	0.070
吸光度 A					

表 2-20　通电后不同区域 $CuSO_4$ 溶液浓度测定

测定区域	吸光度 A	$c/mol \cdot L^{-1}$	铜电极质量 m/g	物质的量 n/mol
阴极区				
中间区				
阳极区				

实验 18　溶液表面吸附的测定

一、实验目的

1. 掌握用最大泡压法测定表面张力的原理和技术；

2. 测定不同浓度正丁醇和 NaCl 水溶液的表面张力，用 Excel 软件绘图，并根据吉布斯吸附公式计算正丁醇溶液表面的吸附量，以及饱和吸附时每个分子所占的表面面积；

3. 比较正丁醇和 NaCl 水溶液的表面张力随浓度的变化趋势；

4. 进一步了解气泡压力与半径及表面张力的关系。

二、基本原理

在自然界中，液体有自发形成球形而使表面收缩的能力，这种能力来自于液体的表面张力。表面张力可以看作是表面层的分子垂直作用在界面每单位长度边缘上且与表面平行或相切的收缩力，表示液体表面自动缩小趋势的大小，其数值与液体的成分、溶液的浓度、温度及表面气氛等因素有关。

纯液体的表面张力(σ)与温度(T)、压力(p)及液体的本性有关。当这些条件指定后，液体的 σ 值就是定值。在纯液体中加入溶质形成溶液后，表面张力除了与上述条件有关外，还与溶质的种类、浓度有很大的关系。通常水溶液的表面张力随溶质浓度改变的规律有下面 3 种类型，如图 2-25 所示。

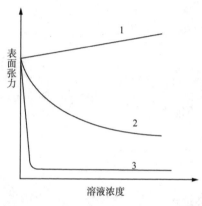

①随溶液浓度的增大，表面张力增大。这类溶质常见的有无机盐、无机酸、无机碱及多羟基有机物如蔗糖、甘露醇等。

②随溶液浓度的增大，表面张力逐渐缓慢地减低。这类物质大多为极性有机化合物，常见的有醇、醛、酸、酯醚等。

③溶质浓度很低时，随浓度增大，表面张力迅速降低，很快就趋于极限值。这类物质通常是含有 8 个碳以上的直链有机酸的碱金属盐($RCOONa$)、硫酸盐($ROSO_3Na$)、磺酸盐(RSO_3Na)等。

图 2-25 水溶液表面张力与浓度的关系

上面 3 种类型的溶质，我们把能降低表面张力的物质称为表面活性物质。它们用量少，降低表面活性的能力大。通常使用的表面活性剂仅指第三类物质。它们在生产实践中具有重要的应用价值。

表面活性物质都具有显著的不对称结构，它是由极性(亲水)部分和非极性(亲油)部分构成，在溶液表面，极性部分取向溶液内部，而非极性部分则取向气相。在浓度极稀时，其分子可以随意排列，有的甚至平卧在溶液表面上，当浓度不断增大时，表面活性物分子逐渐定向排列，最后当浓度增大到一定程度时，表面活性物质的分子在溶液表面形成紧密定向排列的单分子层，即饱和吸附层。如果作出 $\sigma - c$ 曲线，可以看出有机酸、醇、胺类物质开始时表面张力随溶液浓度的增加而迅速下降，而后变化缓慢并趋于恒定，表示表面吸附已达饱和。而对于无机盐类(如 NaCl)，情况则相反。

对于第二类表面活性物质，溶液表面吸附量和浓度之间的关系符合吉布斯吸附等温式：

$$\Gamma = - \frac{c}{RT} \cdot \frac{d\sigma}{dc} \tag{1}$$

式中，Γ 是吸附量($mol \cdot m^{-2}$)；c 是溶液浓度($mol \cdot L^{-1}$)；R 是气体常数；T 是绝对温度；$\frac{d\sigma}{dc}$ 是定温下表面张力随浓度的变化率。当 $\frac{d\sigma}{dc} < 0$ 时，$\Gamma > 0$，称为正吸附；当 $\frac{d\sigma}{dc} > 0$

时，$\Gamma < 0$，称为负吸附。本实验测定正吸附情况。

对于单分子吸附，朗格缪尔(Langmuir)提出 Γ 和 c 的关系式：

$$\Gamma = \Gamma_{\mathrm{m}} \cdot \frac{bc}{1+bc} \tag{2}$$

式中，Γ_{m} 是饱和吸附量；b 是吸附平衡常数。式(2)也可以改写成如下形式：

$$\frac{c}{\Gamma} = \frac{c}{\Gamma_{\mathrm{m}}} + \frac{1}{\Gamma_{\mathrm{m}}b} \tag{3}$$

作 $\frac{c}{\Gamma} - c$ 图，所得直线斜率的倒数即为 Γ_{m}。

以 N 代表 $1\,\mathrm{m}^2$ 表面上的分子个数，即得 $N = \Gamma_{\mathrm{m}}L$，其中，L 为阿伏伽德罗常数，于是每个分子在表面上所占的面积为

$$S_0 = \frac{1}{\Gamma_{\mathrm{m}}L} \tag{4}$$

测定表面张力的方法很多，有毛细管上升法、最大泡压法、滴重或滴体积法、拉脱法、液滴外形法、振动射流法等。本实验用最大气泡法测定表面张力，实验装置如图 2-26 所示。

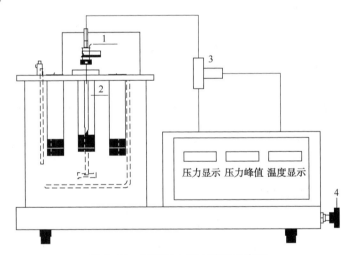

图 2-26　表面张力测定装置示意图
1. 毛细管上端磨口+活塞弯管　2. 样品管(测定位+备用位)　3. 三通管(连接毛细管+压力计+微压蠕动泵)
4. 微压调节阀

调节毛细管尖端与被测液体液面相切，液体沿毛细管上升。打开滴液漏斗的活塞缓慢放水抽气，则系统内的压力 p 逐渐减小，毛细管中液面承受的大气压 p_0 就逐渐把管中液面压至管口，并慢慢形成气泡。其曲率半径恰好等于毛细管半径 r 时，根据拉普拉斯公式，此时所承受的压力差为最大，有

$$\Delta p_{\mathrm{r}} = p_0 - p = \frac{2\sigma}{r} \tag{5}$$

随着系统内压力继续减小，则大气压将把气泡压出管口，气泡的曲率半径继续增大，其表面膜将能承受的压力差必然减小，而样品管中的压力差却在进一步加大，所以气泡承受不了此压力差而被吹离管口后破裂。最大压力差可通过数字式压力计测得。

由于毛细管半径 r 难以直接准确测出，故可用已知表面张力的液体(如水)测定。若水和待测液体的表面张力分别为 σ_0 和 σ，测得最大压力差分别为 Δp_0 和 Δp，则

$$\frac{\sigma_0}{\sigma} = \frac{\Delta p_0}{\Delta p} \tag{6}$$

三、仪器与试剂

仪器：数字式压力计 1 台、样品管 1 支、毛细管 1 支、滴液漏斗 1 个、滴管 1 支、500 mL 烧杯 1 个。

试剂：0.025、0.05、0.1、0.2、0.4 mol·L^{-1} 正丁醇溶液，0.5、1.0、2.0 mol·L^{-1} NaCl 溶液。

四、实验步骤

(1)开启仪器开关，设置恒温水浴温度比现有水温高约 3℃(取整数即可)。开机默认"置数"灯亮状态，按"工作/置数"键切换到"工作"灯亮状态可显示实时温度，在"置数"灯亮状态下设置到所需温度，之后需要切换到"工作"灯亮状态，水浴开始加热，到指定温度后自动恒温。

(2)压力计采零校正　将活塞弯管从毛细管上端磨口取下，使其与室内大气相通，按下"采零"键，压力显示为 0.000 kPa。

(3)依次加入适量的水及 5 个浓度的正丁醇溶液到对应的样品管中并恒温 5 min 以上(液体的量可参考备用样品管上的标志线，过多或过少都会影响到下一步毛细管下端管口与液面相切的调节)。将"测定位"上的螺帽拧下，先将装水的样品管放置在测定位孔中并用螺帽固定好，其余的正丁醇溶液用橡胶塞塞好恒温备用。

(4)将毛细管连同活塞插入样品管中并适度压紧活塞，旋转高度调节螺栓，使毛细管下端管口刚好与液面相切，相切后向下拧紧位置锁定螺母使毛细管位置固定。把毛细管上端的活塞弯管塞上压紧(在实验过程中，由于室内大气压会有少许波动，活塞弯管与室内大气相通时压力显示会不再为 0，此时需要重新按"采零"校正)。小角度缓慢旋转"微压调节阀"(顺时针向内旋转出泡慢、压力变化小；逆时针向外旋出泡快、压力变化大)，使气泡由毛细管尖端成单泡逸出，观察"压力显示"窗口数值的变化，控制其增加幅度大每秒约 0.001 为宜，在气泡周期性地产生和破裂过程中，"压力峰值"显示屏上会自动采集每个气泡对应的最大压力峰值。刚开始的几个气泡压力峰值可能不太稳定，待稳定后，至少记录 3 次压力峰值，取平均值。

(5)取下毛细管上端的活塞弯管，向上旋转抬升高度调节螺栓和位置锁定螺母，慢慢旋转活塞，将毛细管连同活塞整体取出(注意：切记用力过快过猛，使毛细管磕碰到样品管内壁而造成破损)，用干净的胶头吸管吸取少量待测的 0.025 mol·L^{-1} 正丁醇溶液润洗毛细管外壁 2 次，毛细管中残留的液体可用洗耳球从毛细管上端磨口吹掉。将测定位孔中装水的样品管移走，将待测正丁醇溶液的样品管移入孔中并用螺帽固定好。按步骤(4)的方法测定最大压力峰值，至少记录 3 次，取平均值。按从稀到浓的顺序同法依次测定其余正丁醇溶液的最大压力峰值，均至少记录 3 次，取平均值。

(6)分别配制 0.5、1.0、2.0 mol·L^{-1} NaCl 溶液，按照上述方法测定其表面张力。

(7)采集不同来源的水(自来水、不同品牌的纯净水和矿泉水、生活污水、河水等)，测定其表面张力，分析其差异。

(8)实验结束后，用去离子水洗净样品管和毛细管，以防杂质堵塞。

五、注意事项

(1)实验中所用的压力计为数字式微压差测量仪,经过采零后可直接读得压力差数值,数字窗显示的最大值即为最大压差。

(2)注意在畅通大气的情况下采零,每个样品测定前都必须采零。

(3)在测量中,抽气速度不宜过快。

(4)注意不要让液体进入胶管内,以免损伤压力计;而且胶管内若有液体阻塞,数字窗读数将不准确,对压力差的测定影响很大。

(5)玻璃毛细管尖端易于碰碎,使用时应轻拿轻放。

(6)必须确保毛细管尖端出泡速度合适、气泡都是单独破裂,才可以读取并记录数据。

(7)用待测液润洗测定管和毛细管时,遵循少量多次原则。

(8)不同毛细管内径不一样,实验过程中如果因打坏等原因更换毛细管后,必须用去离子水测定其形成的气泡最大压力差,计算相应的曲率半径。

(9)每次测量时,应尽量保持相切程度一样,以免造成较大误差。

六、数据处理

(1)列表记录实验数据。

(2)从附录中的附表 4 中,查出实验温度下水的表面张力,计算各浓度正丁醇和 NaCl 溶液的表面张力 σ。

(3)作正丁醇和 NaCl 溶液的 $\sigma - c$ 图,用计算机处理数据,得到 σ 与 c 的关系式 $\sigma = ac^2 + bc + d$,求出不同浓度下的 $\dfrac{\mathrm{d}\sigma}{\mathrm{d}c}$ 值后,代入公式 $\Gamma = -\dfrac{c}{RT} \cdot \dfrac{\mathrm{d}\sigma}{\mathrm{d}c}$,计算吸附量 Γ。

(4)作正丁醇溶液的 $\Gamma - c$ 图。

(5)作正丁醇溶液的 $\dfrac{c}{\Gamma} - c$ 图,由直线斜率求出 Γ_{m}。并计算出单个正丁醇分子在表面上所占面积 S_0 值,与理论值($2.16 \times 10^{-19} \mathrm{m}^2$)比较,计算相对误差。

(6)测定不同来源的水的表面张力,并与去离子水相比较,分析表面张力差异的原因。

七、讨论

本实验的主要误差来源于毛细管与液面的相切程度。因此,每次更换溶液后都要耐心、仔细地调节相切程度。毛细管的污染及破碎都会影响气泡的大小及压力差;如果毛细管壁有液体吸附,可在洗涤后轻轻甩掉或用洗耳球吹掉;在整个操作过程中仪器装置不能漏气。

八、预习题

1. 毛细管的末端应该调节到怎样的位置合适?
2. 不同浓度的正丁醇溶液,其表面张力的数据变化有什么规律?
3. 每次测定前,对于压力计应该如何操作?
4. 实验的关键因素包括哪些?

九、预习测试题

1. 实验中配制不同浓度的正丁醇溶液,测定这些溶液表面张力的次序是(　　)。

A. 从稀到浓，最后测蒸馏水　　　　　B. 从稀到浓，最先测蒸馏水

C. 从浓到稀，最先测蒸馏水　　　　　D. 从浓到稀，最后测蒸馏水

2. 实验中调节观察气泡冒出现象是操作的难点之一，以下说法错误的是(　　)。

A. 气泡应尽量匀速冒出

B. 为保证气泡冒出均匀，毛细管内部也需要润洗

C. 气泡冒出不均匀时可以往溶液中加入少许表面活性剂

D. 持续观察气泡冒出过程至少 2 min，记录最大压差

3. 实验中操作表面张力仪应特别仔细，以下哪种操作不是必要的(　　)。

A. 仔细观察气泡体积的变化情况

B. 每次测量前需用待测液体润洗表面张力仪至少两次

C. 毛细管端面应恰好和被测液体接触

D. 要把表面张力仪调节到垂直

4. 液体表面张力测定实验中，挤出气泡时毛细管内液面受到向上的作用力为(　　)。

A. 附加压力　　　　　　　　　　B. 内外压力差

C. 重力　　　　　　　　　　　　D. 表面张力

5. 液体表面张力测定实验中共需配制(　　)种不同浓度的正丁醇溶液。

A. 7　　　　　　　B. 6　　　　　　　C. 5　　　　　　　D. 4

6. 本实验中表面张力是在室温下进行测定的，期间室温会略有波动，如果需要更精确的测定，可以选用到的恒温水浴仪器类型为(　　)。

A. 油浴恒温槽　　B. 超级恒温水浴　C. 低温恒温槽　　D. 玻璃恒温水浴

7. 液体表面张力测定实验中对毛细管的要求有(　　)。

A. 保持垂直　　　　　　　　　　B. 必须洁净

C. 端面必须平整　　　　　　　　D. 不能进液柱

十、思考题

1. 温度变化对表面张力有何影响？

2. 如果毛细管末端插入溶液内部，将对 Δp 的测定有何影响？

3. 实验中若抽气速率太快或同时有几个气泡一起出来，对实验结果有什么影响？

4. 为什么要测定纯水的最大压力差？本实验测得的 Δp_{max} 随溶液浓度的变化有何规律？

5. 本实验结果的精确度受哪些因素影响？如何降低这些因素的影响？

十一、实验数据记录表

将所测数据填入表 2-21 中。

表 2-21　实验数据记录表

溶液温度：_____℃

Δp/kPa	正丁醇水溶液浓度 c/mol·L^{-1}					
	0	0.025	0.05	0.1	0.2	0.4
1						
2						
3						
平均值						

实验 19　固体在溶液中的吸附

一、实验目的

1. 了解固体吸附剂在溶液中的吸附性能；
2. 验证朗格缪尔和弗兰德列希吸附理论及公式；
3. 测定活性炭在乙酸水溶液中对乙酸的吸附作用，并计算活性炭的比表面积。

二、基本原理

对于比表面积很大的多孔性或高度分散的吸附剂，如活性炭和硅胶等，在溶液中有较强的吸附能力。由于吸附剂表面结构的不同，对不同的吸附质有着不同的相互作用，因而吸附剂能够从混合溶液中有选择地把某一种溶质吸附，吸附能力的大小常用吸附量 Γ 表示。Γ 通常指每克吸附剂上吸附溶质的摩尔数。在恒定温度下，吸附量与吸附质在溶液中的平衡浓度有关，弗兰德列希（Freundlich）从吸附量和平衡浓度的关系曲线，得到一个经验方程：

$$\Gamma = \frac{x}{m} = kc^{\frac{1}{n}} \tag{1}$$

式中，x 是吸附溶质的量（mol）；m 是吸附剂的质量（g）；c 是吸附平衡时溶液的浓度（$mol \cdot L^{-1}$）；k 和 n 都是常数，由温度、溶剂、吸附质与吸附剂的性质所决定（一般 $n>1$）。将式（1）取对数，可得公式：

$$\lg\Gamma = \frac{1}{n}\lg c + \lg k \tag{2}$$

因此，$\lg\Gamma$ 对 $\lg c$ 作图，可得一条直线，由斜率和截距可求得 n 和 k。

朗格缪尔（Langmuir）吸附理论认为：吸附是单分子层吸附，即吸附剂一旦被吸附质占据之后，就不能再吸附；吸附和解吸附成平衡。设 Γ_m 为饱和吸附量，即表面被吸附质铺满一分子层时的吸附量。在平衡浓度为 c 时的吸附量 Γ 可用下式表示：

$$\Gamma = \Gamma_m \cdot \frac{bc}{1+bc} \tag{3}$$

重新整理式（3），可得

$$\frac{c}{\Gamma} = \frac{c}{\Gamma_m} + \frac{1}{\Gamma_m b} \tag{4}$$

作 $\frac{c}{\Gamma}$ -c 的图，得到一条直线，由这一直线的斜率可求得 Γ_m，再结合截距可求得常数 b。这个 b 实际上带有吸附平衡常数的性质，而不同于 Freundlich 方程式中 k。

根据 Γ_m 数值，按 Langmuir 单分子层吸附的模型，并假定吸附质分子在吸附剂表面上是直立的，每个乙酸分子所占面积以 $2.43 \times 10^{-19} m^2$ 计算，则吸附剂的比表面积 S_0 可按式（5）计算得到

$$S_0 = \Gamma_m \times 6.02 \times 10^{23} \times 2.43 \times 10^{-19} \ \mathrm{m^2 \cdot g^{-1}} \tag{5}$$

本实验测得的比表面积，往往比实际数据要小一些，原因有二：一是忽略了界面上被溶剂所占的部分；二是吸附剂表面上有小孔，脂肪酸不能钻进去，故这一方法所得的比表面一般偏小。不过这一方法测定时操作简便，又不需要特殊仪器，仍是了解固体吸附剂性能的一种简便方法。

三、仪器与试剂

仪器：振荡机 1 台、电子天平 1 台、具塞磨口锥形瓶 4 个、100 mL 锥形瓶 4 个、移液管(5、10、50 mL)各 1 支、50 mL 碱式滴定管 1 支、250 mL 滴定瓶 2 个。

试剂：4 种不同浓度 HAc 溶液(浓度需滴定)、0.05 mol·L^{-1}NaOH 标准溶液(准确浓度已知)、活性炭、酚酞指示剂。

四、实验步骤

(1)取 4 个已洗净、干燥的具塞锥形瓶，向每瓶中分别加入活性炭 1.0 g 左右(准确至毫克)，然后分别加入 4 种不同浓度的 HAc 溶液各 50 mL。

(2)将各瓶用磨口塞塞好，置振荡机上，开机，逐渐调节速度旋钮至指定位置(若室温变化不大，可直接在室温下进行振荡)。

(3)在振荡 30 min 期间，用 NaOH 标准溶液滴定 4 种 HAc 溶液吸附前的起始浓度。由于 HAc 浓度不同，所取体积也应不同，1、2 号瓶内各取 5 mL，3、4 号瓶内各取 10 mL。

(4)稀的溶液较易达平衡，而浓的不易达平衡。因此振荡 30 min 后，先取稀的进行滴定，较浓溶液继续保持振荡，依次逐个取下的间隔时间要求至少在 15 min 以上。用漏斗将溶液过滤到另一干燥锥形瓶中，再用 NaOH 溶液滴定。由于吸附后 HAc 浓度不同，所取体积也应不同，1、2 号瓶内各取 5 mL，3、4 号瓶内各取 10 mL。

(5)实验完毕后，将所有锥形瓶洗净并干燥，以便下次实验同学使用。

五、注意事项

(1)熟练掌握过滤、滴定、移液等基本操作。

(2)加好样品后，随时盖好瓶塞，以防乙酸挥发，以免引起结果偏差较大。

(3)振荡速度以活性炭可翻动为宜，振荡速度不宜过快，以免瓶中溶液溢出。

(4)吸附时间一定要充足，确保吸附达到平衡。

(5)过滤吸附后的乙酸溶液时，滤纸不宜用蒸馏水润湿，以免影响吸附平衡时的浓度测定，可直接用少量乙酸溶液润湿。

六、数据处理

(1)列表记录实验数据。

(2) 计算各瓶中乙酸溶液起始浓度 c_0。

(3) 计算吸附达平衡后，各瓶中乙酸溶液的平衡浓度 c。

(4) 由公式 $\Gamma = \dfrac{(c_0 - c)V}{m}$ 计算各瓶中活性炭的吸附量。

(5) 作 Γ–c 吸附等温线。

(6) 作 $\lg\Gamma$–$\lg c$ 图线，并由斜率和截距求 n 和 k。

(7) 作 c/Γ–c 图线，并由斜率求 Γ_m。

(8) 按式(5)计算活性炭的比表面 $S_0(\mathrm{m}^2 \cdot \mathrm{g}^{-1})$。

七、讨论

测定固体比表面积的方法很多，如 BET 低温吸附法、气相色谱法、电子显微镜法等，这些方法需较复杂的仪器装置或较长的实验时间。相比较而言，溶液吸附法测量固体比表面积具有仪器装置简单、操作方便、而且能同时测量多个样品等许多优点，因此常被采用。

采用溶液法吸附时，非球形的吸附质在各种吸附剂表面吸附时的取向并非一样，每个吸附质的投影面积可能并不一致，故溶液吸附法的测定结果有一定的相对误差，其测得的结果数据应以其他方法进行校正。

溶液吸附法的吸附质浓度选择要适当，溶液的初始浓度不宜过大，防止出现多分子层吸附。按照 Langmuir 吸附等温线的要求，溶液吸附必须在等温的条件下进行，让样品吸附瓶置于恒温水浴中进行振荡使之达到平衡。但本实验仅在室温条件下将吸附瓶置于振荡机上振荡，因此实验期间若室温变化过大，必然影响测量结果。

八、预习题

1. 简述 Freundlich 吸附理论。

2. 简述 Langmuir 吸附理论。

3. 固体吸附剂吸附气体与从溶液中吸附溶质有何不同？

九、预习测试题

1. 滴定吸附平衡后的乙酸溶液时，滴定溶液的编号顺序应该是(　　　)。

A. 1、2、3、4　　　　　　　　　　B. 1、3、2、4

C. 2、3、4、1　　　　　　　　　　D. 4、3、2、1

2. 在固体在溶液中的吸附实验中，振荡时锥形瓶瓶塞要塞紧是为了(　　　)。

A. 防止乙酸挥发　　　　　　　　　B. 防止乙酸在振荡时溅出

C. 防止振荡时液体溅出打湿振荡器　D. 防止空气中的水分进入

3. 在活性炭吸附乙酸分子的实验中吸附剂和吸附质分别是(　　　)。

A. 活性炭，乙酸分子　　　　　　　B. 活性炭，活性炭

C. 乙酸分子，乙酸分子　　　　　　D. 乙酸分子，活性炭

4. 在活性炭吸附乙酸分子的实验中用(　　)方法称取活性炭。

A. 差量法　　　　　　　　　　　B. 去皮称量

C. 任意方法　　　　　　　　　　D. 台秤称量

5. 利用 Langmuir 吸附公式计算出的比表面积和实际数值有何差别(　　)。

A. 偏大　　　　　　　　　　　　B. 偏小

C. 无差别　　　　　　　　　　　D. 不确定

6. 关于固体对溶液的吸附,以下描述与实验事实不相符的是(　　)。

A. 能使固液表面自由能降低最多的溶质被吸附的多

B. 极性的吸附剂易于吸附极性溶质

C. 吸附情况只与吸附剂及溶质的性质有关,与溶剂性质无关

D. 一般温度升高,吸附量减小

十、思考题

1. 影响吸附作用的因素有哪些?

2. 在固体在溶液中的吸附实验中,引入误差的主要因素是什么?

3. 列举出至少两个固体表面吸附作用在日常生活中的应用实例。

十一、实验数据记录表

将所测数据填入表 2-22 中。

表 2-22　实验数据记录表

温度:_____　　NaOH 标准溶液浓度:_____

瓶号	1	2	3	4
活性炭质量 m/g				
乙酸溶液总体积/mL				
滴定取样体积/mL				
吸附前滴定用 NaOH 溶液体积/mL				
c_0/mol · L^{-1}				
吸附平衡滴定用 NaOH 溶液体积/mL				
c/mol · L^{-1}				
Γ/mol · g^{-1}				
lg$c$				
lgΓ				

实验 20 溶胶的制备及其性质实验

一、实验目的

1. 了解制备溶胶的基本原理及方法；
2. 学习溶胶的净化方法；
3. 了解电解质对溶胶的聚沉作用及两种溶胶的相互聚沉；
4. 掌握聚沉值的测定方法；
5. 了解高分子溶液对溶胶的稳定作用。

二、基本原理

制备稳定存在的溶胶，需满足两个条件，一是粒子大小在 1~1 000 nm 之间；二是粒子在介质中保持分散状态不能聚结，所以一般制备溶胶时需加适当的稳定剂。欲得到一定大小的固体粒子可采用两种不同的方法。

① 分散法：将大块固体分散成胶体粒子大小的颗粒。

② 凝聚法：将分子或离子聚集成胶体大小的颗粒。

不论用哪种方法制备出的溶胶，除含有必需的稳定剂外，常会有多余的电解质及其他杂质，它们的存在影响了溶胶的稳定性，因此，必须设法除去。一般常用渗析法，由于胶粒比杂质离子大，因而可利用半透膜除去多余的杂质，此即为渗析，为了加速净化可用电渗析仪。

溶胶的胶粒粒径决定了胶粒具有特殊的动力性质(布朗运动、扩散、渗透等现象)，特殊的光学性质(丁达尔现象)，电学性质(电动现象)以及聚沉等。

溶胶是热力学不稳定体系，因此溶胶粒子有自动降低其表面自由能而使胶粒合并长大发生聚结的趋势。由于溶胶含有适量的稳定剂，所以溶胶又具有一定程度的稳定性。其稳定程度的大小决定于胶粒表面所带电荷的多少。

当在溶胶中加入电解质时，电解质中与胶粒相反电荷符号离子通过交换或压缩作用，使胶粒双电层变薄，电动电势降低，从而引起溶胶的聚沉。电解质使溶胶发生聚沉的能力随带相反电荷离子价数的升高而迅速增大。在一定量的溶胶中加入电解质，使其在一定时间内发生聚沉所需加入电解质的最低浓度，称为聚沉值，由于聚沉值随实验条件的不同而异，故做此实验时，处理方法与实验步骤必须按规定前后一致。

两种相反电荷的溶胶混合在一起时，若两者的相对用量适当，就发生共同聚沉，若其中一种溶胶的用量过多或过少，则不发生聚沉作用或仅有部分聚沉作用。如果将适量高分子溶液加入溶胶中，将大大增加溶胶对电解质的稳定性，这种现象称为稳定作用。

本实验采用物理分散法制备皂土溶胶，化学凝聚法制备 $Fe(OH)_3$，并进行其相关性质进行研究。

三、仪器与试剂

仪器：试管 24 支、橡胶塞若干、试管夹 1 个、5 mL 移液管 2 支、1 mL 移液管 3 支、烧杯 3 个、透析袋 1 个、透析夹 2 个、滴管 1 支、电炉一个、激光笔 1 支。

试剂：$Fe(OH)_3$ 溶胶、皂土溶胶、无水乙醇、硫黄粉、30% $FeCl_3$ 溶液、4 mol·L^{-1} NaCl 溶液、0.01 mol·L^{-1} Na_2SO_4 溶液、0.001 25 mol·L^{-1} $K_3Fe(CN)_6$ 溶液、0.025 mol·L^{-1} $K_4Fe(CN)_6$ 溶液、1%明胶溶液、0.1 mol·L^{-1} $AgNO_3$ 溶液。

四、实验步骤

1. 凝聚法制备溶胶

（1）更换溶剂法 硫黄能溶于无水酒精中呈现分子分散状态，但不溶于水中。取少量（小米粒大小）硫黄放入试管中，加入约 3 mL 无水乙醇，不断摇动促进硫溶解，静置后用滴管取上清液滴加入 10 mL 蒸馏水中（5~10 滴），剧烈摇匀后即可得硫溶胶。在暗处观察硫溶胶的丁达尔效应，并做实验记录。

（2）水解法 在烧杯中加入 50 mL 蒸馏水加热至沸，趁沸腾时滴加 30%的 $FeCl_3$ 溶液 15 滴，即可得 $Fe(OH)_3$ 溶胶。在暗处观察 $Fe(OH)_3$ 溶胶的丁达尔效应，并做实验记录（适当稀释更有利于观察）。

2. 溶胶的净化

渗透法：取一制好的半透膜，用封口夹夹住一端，防止液体渗透。将自己制得的 $Fe(OH)_3$ 溶胶加入袋内（约占半透膜袋的 1/3 体积）。用试管夹夹住袋口，悬挂于烧杯中，杯中蒸馏水液面不低于袋内溶胶高度。放置至少 30 min 后，取半透膜袋外蒸馏水，鉴定有无 Fe^{3+} 或 Cl^-，不断换水，透析至无 Fe^{3+} 和 Cl^- 为止。

鉴定方法：①Cl^-：取少量袋外水溶液于另一试管中，加入 0.1 mol·L^{-1} $AgNO_3$ 数滴，观察有无白色 AgCl 浑浊产生。②Fe^{3+}：取少量袋外水溶液于另一试管中，0.025 mol·L^{-1} $K_4Fe(CN)_6$ 数滴，观察有无蓝色 $Fe_4\ [Fe(CN)_6\ ]_3$ 产生。

3. 电解质对溶胶的聚沉作用

取 3 支干净试管，用移液管各加入 5 mL $Fe(OH)_3$ 溶胶，分别用滴管逐滴加入 4 mol·L^{-1} NaCl 溶液，0.01 mol·L^{-1} Na_2SO_4 溶液，0.001 25 mol·L^{-1} $K_3Fe(CN)_6$ 溶液，边加边摇，直至出现明显浑浊，且 3 支试管浑浊程度应尽量接近。记录现象及所加电解质滴数，比较各电解质聚沉力大小顺序。

4. 稳定作用

取 3 支干净试管各加入 5 mL $Fe(OH)_3$ 溶胶，再各加入 1%明胶溶液 1 mL，摇匀后分别滴加 4 mol·L^{-1} NaCl 溶液，0.01 mol·L^{-1} Na_2SO_4 溶液，0.001 25 mol·L^{-1} $K_3Fe(CN)_6$ 溶液，当三种电解质溶液滴加至与实验步骤 3 中用量相同时，观察并记录各试管中现象，并与实验步骤 3 中的现象进行对比，解释差异产生的原因。

5. 电荷相反溶胶的相互聚沉作用

取 5 支干净试管，按下表所列用量分别加入 $Fe(OH)_3$ 溶胶和皂土溶胶。充分摇动后，静置 30 min，观察记录各试管中现象，找出两胶体全部聚沉时的用量比例。

编号	1	2	3	4	5	6
$Fe(OH)_3$ 溶胶体积/mL	0.1	0.5	1.0	3.0	5.0	5.5
皂土溶胶体积/mL	5.9	5.5	5.0	3.0	1.0	0.5

6. 聚沉值的测定

（1）初步实验 在两支干净试管中，用移液管各加入 5 mL Fe(OH)$_3$溶胶。依下表所列试剂用量分别加入两试管中，用橡皮塞塞住管口，颠倒 3 次。放置 30 min 后，观察两试管中现象。

试管编号	1	2
蒸馏水体积/mL	0.5	0.0
0.01mol·L^{-1} Na$_2$SO$_4$溶液体积/mL	0.5	1.0

（2）细测实验 如果初步实验时试管 1 中无胶粒沉淀，而试管 2 中有胶粒沉淀，则表明聚沉值所需电解质用量在两管浓度之间（0.6~0.9 mL）。按如下所列各试剂用量做进一步测定。

试管编号	1	2	3	4
Fe(OH)$_3$溶胶体积/mL	5.0	5.0	5.0	5.0
蒸馏水体积/mL	0.4	0.3	0.2	0.1
0.01mol·L^{-1} Na$_2$SO$_4$溶液体积/mL	0.6	0.7	0.8	0.9

如果初步实验时两试管中都观察到有明显的胶粒沉淀，则表明聚沉值所需电解质用量在 1 管浓度以下（0.1~0.4 mL）。按如下所列各试剂用量做进一步测定。

试管编号	1	2	3	4
Fe(OH)$_3$溶胶体积/mL	5.0	5.0	5.0	5.0
蒸馏水体积/mL	0.9	0.8	0.7	0.6
0.01mol·L^{-1} Na$_2$SO$_4$溶液体积/mL	0.1	0.2	0.3	0.4

加完后，如同初步实验一样，用橡皮塞塞住管口，颠倒 3 次。放置 30 min 后，观察各试管中现象，并确定有胶粒沉淀的 0.01 mol·L^{-1} Na$_2$SO$_4$溶液的最低用量。

五、注意事项

（1）实验时可以根据各步骤所需时间长短统筹安排实验顺序。

（2）更换溶剂法制备硫溶胶，用滴管吸取上清液时要小心，不要把试管底部未溶解的硫黄粉末冲起、吸出。

（3）水解法制备 Fe(OH)$_3$溶胶时，FeCl$_3$溶液一定要逐滴缓慢加入，加完后继续煮沸数分钟，以使其水解完全。

（4）移取1%明胶溶液的移液管在实验结束后要充分洗净，以免造成管尖堵塞。

（5）实验结束后，所有液体都应倒入指导的废液桶内集中回收处理，禁止直接倒入水池中，以免造成环境污染。

六、数据处理

（1）列表记录实验现象。

(2)结合电解质浓度和所用滴数，比较各电解质对 $Fe(OH)_3$ 溶胶聚沉力的大小顺序。

(3)按下式计算 Na_2SO_4 电解质对 $Fe(OH)_3$ 溶胶的聚沉值。

$$聚沉值\ c = \frac{V_1 c_0}{V_1 + V_2 + V_3} \times 1\ 000\ mmol \cdot L^{-1}$$

式中，V_1 是实验测得使溶胶聚沉所需加入 Na_2SO_4 溶液的最小体积(mL)；V_2 是加入 $Fe(OH)_3$ 溶胶的体积(mL)；V_3 是加入蒸馏水的体积(mL)；c_0 是加入 Na_2SO_4 溶液的浓度(mol·L^{-1})。

七、讨论

制备溶胶的其他方法还有：

(1)研磨法　工业上常用机械分散法，使用特殊的胶体磨将粗分散程度的悬浊液进行研磨而制成溶胶。为了使新制成的溶胶稳定，需加入明胶或丹宁之类的化合物作为稳定剂。一般工业上用的胶体石墨、颜料以及医药用硫溶胶等都是使用胶体磨制成的。

(2)电弧法　主要用于制备金属水溶液。以金属为电极，浸入水中，通直流电使产生电弧。由于电弧温度很高，电极表面的金属气化，遇水冷凝而成胶体。

(3)超声波法　利用超声波场的空化作用，将物质撕碎成细小的质点，它适用于分散硬度低的物质或制备乳状液。

(4)胶溶法　属化学分散法。原理是在新生成的沉淀中加入适量电解质，使沉淀重新分散成胶体。如新生成的 $Fe(OH)_3$ 沉淀，经洗涤再加入少量稀 $FeCl_3$ 溶液，通过搅拌后沉淀就转变为红棕色的 $Fe(OH)_3$ 溶胶。

八、思考题

1. 写出本实验中所用的 $Fe(OH)_3$ 溶胶的胶团结构式。电解质中哪种电性的离子对聚沉起作用？

2. 实验中所用的 $Fe(OH)_3$ 溶胶和皂土溶胶的胶粒各自电性如何？两种溶胶相互聚沉时需要满足什么样的条件？

3. 在进行明胶对溶胶的稳定作用实验时，向 $Fe(OH)_3$ 溶胶中加入明胶溶液和电解质溶液的顺序不能颠倒，如果颠倒的话，会产生什么样的结果？

实验 21　溶胶的电泳

一、实验目的

1. 观察溶胶的电泳现象，理解胶粒的带电情况及带电原因；
2. 理解 ζ 电势的物理意义，掌握界面移动法的电泳法测定原理和技术；
3. 测定 $Fe(OH)_3$ 溶胶的 ζ 电势。

二、基本原理

在溶胶的分散体系中，分散于液相中的微粒选择性地吸附一定量的离子或自身的解离作用，使其表面带有一定量的电荷。在静电引力作用下，微粒周围就会形成与其相反电荷的离子层，这样微粒表面的电荷与其周围的离子就构成了双电层。双电层可分为两部分，一部分为紧靠固体表面的不流动层，称为紧密层，其中包含了被吸附的离子和部分过剩的反离子；紧连的是扩散层，在这一层中过剩的反电离子逐渐减少至零，这一层是可以流动的。在外电场作用下，带电的胶粒携带周围一定厚度的紧密层向相反电荷的电极运动，在带电胶粒相对运动的边界处与溶液本体之间会产生一电势差，称为电动电势或 ζ 电势。其大小直接影响胶粒在电场中的运动速度。它与胶粒的性质、介质组成及胶体的浓度有关，其正负根据吸附离子的电荷符号来决定，胶粒表面吸附正离子，则 ζ 电势为正；表面吸附负离子，ζ 电势为负。ζ 电势与胶体的稳定性有关，其绝对值越大，表明胶粒电荷越多，胶粒间斥力越大，胶体越稳定。

测定 ζ 电势的方法很多，最方便、最广泛的测定方法是利用电泳法来测定。电泳法又可分为两类，即宏观法和微观法。宏观法是观察溶胶与另一不含胶粒的导电液体的界面在电场中的移动速度；微观法则是直接观察单个胶粒在电场中的移动速度。对高分散的溶胶、过浓的溶胶，不易观察个别粒子的运动，只能用宏观法；对于颜色太淡或浓度过稀的溶胶，则适用微观法。本实验采用宏观法，测定装置如图 2-27 所示。

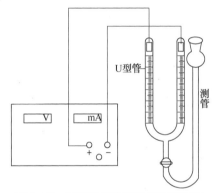

图 2-27　界面法测定电泳装置示意图

对于不同形状的胶粒，其 ζ 电势数值可根据亥姆霍兹方程式计算

$$\zeta = \frac{K\pi\eta u}{\varepsilon H} \tag{1}$$

式中，K 是与胶粒形状有关的常数（对于球形胶粒 $K=6$，棒形胶粒 $K=4$，本实验中按棒形粒子看待）；η 是液体的黏度（本实验为水的黏度）；u 是电泳速度（即溶胶界面移动的速度）；ε 是介质的介电常数；H 是电势梯度。但公式（1）中各物理量的单位都采用的是 cm·g·s 制，所以计算得到的胶粒 ζ 电势为静电单位。若将其中各物理量的单位均换算为国际单位（SI），得到 ζ 电势的单位为 V，则有

$$\zeta = 300^2 \times \frac{4\pi\eta u}{\varepsilon H} \tag{2}$$

式中，电势梯度 $H=E/L$，即外加电场的电压 E 与两电极之间的距离 L 之比。

三、仪器与试剂

仪器：电泳仪 1 台、恒温水浴 1 套、U 形电泳管 1 个、电导率仪 1 台、铂电极 2 支、秒表 1 块、电炉 1 个。

试剂：10% $FeCl_3$ 溶液、0.1mol·L^{-1} $AgNO_3$ 溶液、盐酸（分析纯）。

四、实验步骤

1. Fe(OH)$_3$溶胶的制备及净化

(1)在 250 mL 烧杯中加入 100 mL 蒸馏水，加热至沸腾，向里面滴加 5 mL 10% FeCl$_3$溶液，并不断搅拌，加入完毕后持续煮沸几分钟，水解后形成 Fe(OH)$_3$溶胶，冷却后备用。其胶团构造式为 \ $[m$ Fe(OH)$_3$ · nFeO$^+$ · $(n-x)$Cl$^-$ \ $]^{x+}$ · xCl$^-$。

(2)把制好的 Fe(OH)$_3$溶胶倒入半透膜袋里，扎好袋口，将其置于 400 mL 蒸馏水渗析，并保持水温在 60 ~ 70 ℃，每半小时换一次水，直至渗析液用 AgNO$_3$检测不出 Cl$^-$(即加入 AgNO$_3$溶液无白色沉淀)。

2. 辅助溶液的配置

(1)将 Fe(OH)$_3$胶体置于恒温水浴中，保持温度在 25 ℃左右，将铂黑电极插入胶体中测其电导率，并记录数据。

(2)在另一个烧杯中取适量蒸馏水置于恒温水浴中，用胶头滴管取盐酸溶液，边滴加边搅拌，同时测其电导率，直到电导率与 Fe(OH)$_3$溶胶相同，此稀盐酸溶液即为待用的辅助溶液。

3. 电泳速度的测定

(1)用蒸馏水洗净电泳管后，把管内的水尽量控干，打开 U 型电泳仪下端的活塞，用胶头滴管顺着侧管管壁加入少量 Fe(OH)$_3$溶胶至活塞上沿位置(注意：切勿使溶胶流过活塞)，然后关闭活塞，继续从侧管加入 Fe(OH)$_3$溶胶至 3 cm 左右刻度位置。

(2)再从 U 型管的上口加入适量的辅助液，至与侧管 Fe(OH)$_3$溶胶高度相等的位置。

(3)将两铂电极从 U 型管的上口插入，前端铂金属片不要弯折，保持平展。

(4)缓慢打开活塞，使两侧液体联通，用胶头滴管从测管逐滴缓慢滴加 Fe(OH)$_3$溶胶，当界面缓慢上升至适当高度(约 3 cm)时，关闭活塞。

(5)按"+""−"极性将电极输出线与稳压电源相连接。开启稳压电源开关，将电压调节至 50.0 V，准确记下溶胶在电泳管中两侧液面的位置后按下仪器"计时"按键开始计时，约 0.5 h 后断开电源，记下准确的通电时间和 U 型管两侧溶胶液面移动的距离，并量取两电极沿电泳管中线之间的距离(注意：不是水平距离)，即从两电极金属片中心位置到 U 型管两侧底部零刻度线的直线距离加上两侧零刻度之间的 U 型距离之总和。

实验结束后，拆除线路，回收溶胶，电极洗净后放回盒内、电泳管洗净并装满蒸馏水。

五、注意事项

(1)电泳管必须清洗干净，以免其他离子干扰。

(2)辅助液与胶体电导率要相同，否则界面会模糊不清。

(3)整个实验过程中要保持界面清晰，尽量避免电泳管的晃动。

(4)注意胶体所带电荷，不要将电极正负极接错。

(5)电压选用要合适，电压太小和太大都会造成实验效果不理想。

(6)观察界面应由同一人观察，从而减小误差。

(7)测量两电极的距离时，要沿电泳管中线测定。

六、数据处理

(1)记录电压、通电时间、电极间距离以及溶胶液面的移动距离。

(2)计算电泳速度 $u(\mathrm{m \cdot s^{-1}})$ 及电势梯度 $H(\mathrm{V \cdot m^{-1}})$。

(3)由水的介电常数及黏度计算出 $Fe(OH)_3$ 胶粒的 ζ 电势。

七、讨论

在电泳速度测定时，辅助液的选择至关重要。不同种类的电解质溶液与胶体混合会导致界面模糊不清，异电性会造成胶体粒子聚沉。另外，辅助液电导率与胶体溶液电导率要保持一致，否则会造成电压在胶体和辅助液中分布不均匀，造成界面模糊不清，影响实验结果。辅助液选取依据有：与胶体颜色反差大，便于观察界面移动；比胶体密度低，界面容易清晰；辅助液中阴阳离子迁移速率要近似相等，克服上升及下降速度不等的困难；辅助液电导率要与胶体近似相等，以使两种液体中电场强度均匀且相等。

在电泳速度测定时，电压的选取要合适。根据电势计算公式可知电压越大，电泳速率越大，电压太小会导致电泳速率较慢，界面也不清晰平整；反之，电压过大，阴极产生气体速率会加快，电流热效应增大，并且胶体的发散、凝胶作用增强，发生聚沉现象，会对电泳速率和实验效果造成很大影响。

八、预习题

1. 制备溶胶有哪些方法？本实验采用的方法是什么？
2. 溶胶的净化方法有哪些？
3. 简述宏观法测定 $Fe(OH)_3$ 胶体 ζ 电势的基本原理。
4. ζ 电势计算公式中各物理量的意义是什么？

九、预习测试题

1. 胶体系统的电泳现象说明(　　)。
A. 分散介质带电　　　　　　　　B. 胶粒带电
C. 胶体粒子处在等电点　　　　　D. 分散介质是电中性的

2. 在电泳实验中，观察到胶粒向阳极移动，表明(　　)。
A. 胶粒带正电　　　　　　　　　B. 胶粒带负电
C. 胶团的扩散层带正电　　　　　D. 胶团的扩散层带负电

3. 对制备的 $Fe(OH)_3$ 溶胶进行半透膜渗析的目的是(　　)。
A. 除去杂质，提高纯度　　　　　B. 除去较小的胶粒，提高均匀性
C. 除去过多的电解质，提高稳定性　D. 除去过多的溶剂，提高浓度

4. 用新鲜的 $Fe(OH)_3$ 沉淀来制备 $Fe(OH)_3$ 溶胶时，加入的少量稳定剂是(　　)。
A. KCl　　　　　　　　　　　　B. $AgNO_3$
C. $FeCl_3$　　　　　　　　　　D. KOH

5. 有关电泳的阐述，正确的是(　　)。
A. 电泳和电解没有本质区别　　　B. 外加电解质对电泳影响很小
C. 胶粒电泳速度与温度无关　　　D. 两性电解质电泳速度与 pH 值无关

十、思考题

1. 如果电泳管事先没洗干净，管壁上有微量电解质残留，会对电泳测量结果造成什么影响？
2. 影响电泳速率快慢的因素有哪些？
3. 在电泳测定时，如果不用辅助液，把电极直接插入溶胶中会发生什么现象？
4. $Fe(OH)_3$ 溶胶电势测定时，可以选取的辅助液有哪些？

十一、实验数据记录表

将所测数据填入表 2-23 中。

表 2-23　实验数据记录表

室温：_____　　　　大气压：_____

电压 E/V	通电时间 t/s	迁移距离 d/cm	电极间距 L/cm	电泳速度 $u/m \cdot s^{-1}$

实验 22　温度和浓度对高分子溶液黏度的影响

一、实验目的

1. 掌握用奥氏黏度计测定溶液黏度的原理和方法；
2. 了解温度、浓度对高分子溶液黏度的影响。

二、基本原理

测定黏度的方法主要有 3 类：用毛细管黏度计测定液体在毛细管里的流出时间；用落球式黏度计测定圆球在液体里的下落速率；用旋转式黏度计测定液体与同心轴圆柱体相对转动的情况。对黏度不太大的液体，一般以毛细管法最为简便。常用的毛细管黏度计有奥氏黏度计和乌氏黏度计两种。同一种黏度计，由于生产厂家不同，其外观形状也略有差异，但功能和使用方法相同。本实验所用的奥氏黏度计如图 2-28 所示。

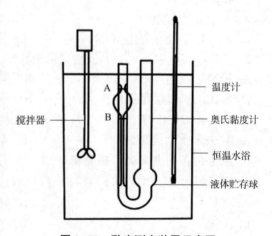

图 2-28　黏度测定装置示意图

当液体在圆柱形毛细管中流动时，其黏度 η 与流出时间 t 的关系符合泊肃叶公式

$$\eta = \frac{\pi r^4 \rho g h}{8lV} \cdot t \tag{1}$$

式中，r 是毛细管半径；l 是毛细管长度；V 是液体在 t 时间内流经毛细管的体积；ρ 是液体的密度；g 是重力加速度；h 是流经毛细管液体的平均液柱高度。

对于同一支毛细管黏度计，r、l、V、h 为常数，则式(1)有

$$\eta = K\rho t \tag{2}$$

式中，K 是一个与黏度计构造相关的常数，其值难以准确测得，所以通常均先测定液体的相对黏度，即待测液体黏度与相同条件下标准液体黏度（如水）的比值（η/η_0）。如果相同体积的待测液体和标准液体分别流经同一毛细管黏度计，则有

$$\frac{\eta}{\eta_0} = \frac{K\rho t}{K\rho_0 t_0} = \frac{\rho t}{\rho_0 t_0} \tag{3}$$

因此，只要测出待测液体与标准液体在同一黏度计中的流出时间 t 和 t_0，查出实验温度下 ρ、ρ_0 及 η_0 即可求出待测液体的 η。

高分子溶液的黏度较大，是高分子溶液的重要特性之一。高分子溶液具有较高黏度的主要原因有：①溶液中高分子的柔性使得无规线团状的高分子在溶液中所占体积很大，对介质的流动形成阻碍。②高分子的溶剂化作用，使大量溶剂束缚于高分子无规线团中，流动性变差。③在浓度较大时，高分子溶液中不同高分子链段间因相互作用而形成一定结构，流动阻力增大，导致黏度升高。这种由于在溶液中形成某种结构而产生的黏度称为结构黏度。

高分子溶液的黏度一般随温度升高而减小。这是因为当温度升高时，水分子的热运动加快，使高分子的溶剂化作用减弱，自由溶剂增加，液体流动性增大；温度升高也会破坏高分子间形成的内部结构，故导致黏度减小。

三、仪器与试剂

仪器：恒温水浴 1 套、奥氏黏度计 2 只、电子秒表 2 块、5 mL 移液管 3 支、洗耳球 2 只。

试剂：质量分数为 0.15% 和 0.45% 明胶水溶液、消泡剂（正丁醇）。

四、实验步骤

(1)调节恒温槽温度至 20 ℃ 或 25 ℃（视不同季节、不同室温而定）。按图 2-28 所示将黏度计垂直固定在恒温槽中。

(2)标准液体流出时间的测定　用移液管取 5.00 mL 蒸馏水注入黏度计内。待恒温 5 min 后，用洗耳球将液体缓慢吸至刻度线 A 以上 1 cm 左右时，移开洗耳球，让液体自由流下，用秒表记录液面从刻度线 A 流到 B 所需时间，重复测定 3 次，相差不超过 0.5 s，取其平均值。

(3)高分子溶液流出时间的测定　取下黏度计，借助洗耳球将其中的蒸馏水尽量排尽，用移液管取 5 mL 0.15% 或 0.45% 明胶溶液加入黏度计中（可先用少量待测溶液润洗黏度计 2~3 次，同组二人可以各自测定一个浓度），再加入 2~3 滴消泡剂消除润洗过

程中产生的少量泡沫。与标准液体的操作方法相同，测定溶液液面从刻度线 A 流到 B 所需时间，重复测定 3 次。

依次测定 30、35、40、45 ℃时溶液的黏度。

(4)实验结束后，黏度计应充分洗净，然后装满蒸馏水浸泡，以免残留的高分子物质黏结在毛细管壁上而影响毛细管孔径，甚至堵塞。

五、注意事项

(1)实验过程中，每次调节恒温槽到指定温度后，需要至少恒温 5 min 后才能进行测定。

(2)黏度计使用过程中要保持竖直，且测量球必须处于恒温水浴液面以下。

(3)用洗耳球吸液体时要缓慢，避免气泡的形成，也不要把液体吸入洗耳球内，以免污染被测液体。

(4)恒温槽中搅拌速度要适中，以免引起黏度计的振动，从而影响流出时间的测定。

(5)水及明胶溶液的取样体积要保持相等，均为 5 mL。

(6)明胶溶液中若出现絮状物，不能将其移入黏度计中，以免堵塞毛细管。可过滤除去絮状物或重新配置溶液后进行测定。

(7)洗涤或安装黏度计时要细心，以防把支管掰断或碰裂。

六、数据处理

(1)列表记录实验数据。

(2)计算各测定溶液的 η (本实验中所用明胶水液浓度很稀，其密度可看作与水相同)。

(3)作黏度 η –温度 T 的关系曲线。

(4)从图中曲线分析讨论溶液黏度随温度、浓度变化的规律，并解释原因。

七、讨论

液体的黏度与温度有关，一般要求温度变化不超过±0.3 ℃。

本实验测定明胶溶液的黏度时，没有将黏度计进行干燥，而是采用润洗的方法，这样做对明胶溶液的浓度以及溶液的流出时间都会有轻微的影响，但并不影响实验测定数据的规律性和结论的可靠性。

如果测定样品为乙醇、丙酮等有机液体，则需要将黏度计充分洗净后进行干燥，然后再移入待测液体进行黏度测定。

实验材料也可以选取苹果、草莓、西红柿等时令新鲜果蔬的汁液，但需要在榨汁时用 100~200 目尼龙滤布除去其中较大的颗粒，以免堵塞黏度计中毛细管。

八、预习题

1. 如何确定黏度计中所加液体的适宜体积？原则是什么？为什么移取标准液体与待测溶液的体积要相等？

2. 黏度计使用过程中要保持竖直，倾斜对流出时间的测定会有什么影响？

3. 如果实验过程中黏度计发生损坏，不得不更换新的黏度计，更换后需要重新测定水的流出时间吗？

九、预习测试题

1. 利用黏度计测定高分子溶液的黏度时，以下说法正确的是(　　)。

A. 实验过程黏度计应垂直　　　　　B. 每个样品测定一次即可

C. 只需将黏度计毛细管浸入水中　　D. 需使用超级恒温水浴

2. 如果黏度计安装未竖直，略有倾斜，对测定液体流出时间的影响是(　　)。

A. 使流出时间变长　　　　　　　　B. 使流出时间变短

C. 对流出时间无影响　　　　　　　D. 对流出时间影响不确定

3. 某同学测定明胶溶液的黏度时，取样时未用移液管准确量取，实验后发现其体积明显多于 5 mL(测定水时的取样体积)，则测得的黏度可能会(　　)。

A. 偏大　　　　　　　　　　　　　B. 偏小

C. 无影响　　　　　　　　　　　　D. 不确定

4. 以下物理量中没有单位的是(　　)。

A. 增比黏度　　　　　　　　　　　B. 特性黏度

C. 绝对黏度　　　　　　　　　　　D. 比浓黏度

5. 某固体样品质量为 1 g 左右，估计其相对分子质量在 10 000 以上，用哪种方法测定相对分子质量较简便(　　)。

A. 蒸气压下降　　　　　　　　　　B. 凝固点下降

C. 沸点升高　　　　　　　　　　　D. 黏度法

十、思考题

1. 在黏度测定过程中，易起泡，应如何设法消除？

2. 毛细管粗或细各有什么优缺点？

3. 为何每支黏度计均要先装蒸馏水进行测定？有无必要每个温度下均先测定蒸馏水再测高分子溶液？为什么？

十一、实验数据记录表

将所测数据填入表 2-24 中。

表 2-24　实验数据记录表

温度：_____　　水的流出时间：_____　　水的黏度 η_0：_____

温度 $t/℃$		
溶液的流出时间 t/s		
溶液的黏度 $\eta/mPa \cdot s$		

实验 23　黏度法测定水溶性高聚物的平均相对分子质量

一、实验目的

1. 掌握黏度法测定高聚物平均相对分子质量的基本原理和方法；
2. 掌握用乌氏黏度计测定黏度的原理和方法；
3. 测定高聚物聚乙二醇的平均相对分子质量。

二、基本原理

单体分子经加聚或缩聚过程可形成高聚物，由于聚合度并不一定相同，所以高聚物的相对分子质量是一个统计平均值。对线形高分子化合物平均相对分子质量的测定方法有很多，如黏度法、端基分析、沸点升高、凝固点降低、等温蒸馏、超离心沉降及扩散法等。其中，黏度法设备简单，操作方便，耗时少且精确度较高，因此是目前最常用的方法。

高聚物溶液由于其分子链长度远大于溶剂分子，加上溶剂化作用，使其液体分子在有流动或有相对运动时，会产生内摩擦阻力。内摩擦阻力越大，表现出来的黏度就越大，而且与聚合物的结构、溶液浓度、溶剂性质、温度以及压力等因素有关。

高聚物稀溶液的黏度是液体在流动时内摩擦力大小的反映。其中，因溶剂分子之间的内摩擦力表现出来的黏度叫纯溶剂黏度，记作 η_0；此外，还有高聚物分子相互之间的内摩擦力，以及高聚物分子与溶剂分子之间的内摩擦力，三者之和表现为溶液的黏度 η。一般地，在同一温度下，η 比 η_0 大得多，两者的比值称为相对黏度，记作 η_r，即

$$\eta_r = \frac{\eta}{\eta_0} \tag{1}$$

相对于溶剂，溶液黏度增加的分数称为增比黏度，记作 η_{sp}，即

$$\eta_{sp} = \frac{\eta - \eta_0}{\eta_0} = \eta_r - 1 \tag{2}$$

式中，η_r 是整个溶液的黏度行为；η_{sp} 则意味着已扣除了溶剂分子之间的内摩擦效应。

对于高分子溶液，增比黏度 η_{sp} 往往随溶液浓度 c 的增大而增大。为了便于比较，将单位浓度下所显示出的增比浓度 $\frac{\eta_{sp}}{c}$ 称为比浓黏度，而 $\frac{\ln\eta_r}{c}$ 称为比浓对数黏度。η_r 和 η_{sp} 都是无因次的量，而 $\frac{\eta_{sp}}{c}$ 和 $\frac{\ln\eta_r}{c}$ 的单位为浓度的倒数，常用 $mL \cdot g^{-1}$ 表示。

为了进一步消除高聚物分子之间的内摩擦效应，必须将溶液浓度无限稀释，使得每

个高聚物分子彼此相隔极远，其相互干扰可以忽略不计。这时溶液所呈现出的黏度行为基本上反映了高聚物分子与溶剂分子之间的内摩擦。这一黏度的极限值记为

$$\lim_{c \to 0} \frac{\eta_{sp}}{c} = \lim_{c \to 0} \frac{\ln \eta_r}{c} = [\eta] \tag{3}$$

式中，$[\eta]$ 称为特性黏度或极限黏度，单位是浓度 c 单位的倒数，其值与浓度无关。实验证明，当聚合物、溶剂和温度确定以后，$[\eta]$ 的数值只与高聚物平均相对分子质量 $\overline{M}$ 有关，它们之间的关系可用经验方程式表示

$$[\eta] = K \overline{M}^{\alpha} \tag{4}$$

式中，$\overline{M}$ 是黏均相对分子质量（即用黏度法测得的聚合物的相对分子质量）；而 K 和 α 是公式中的两个参数，是与溶剂、聚合物种类及温度有关的经验常数。K 值受温度的影响较明显，而 α 值主要取决于高分子线团在某温度下某溶剂中舒展的程度，其数值介于 $0.5 \sim 1.0$ 之间。K 与 α 的数值需要由其他实验方法（如渗透压法、光散射法等）来确定，现将常用的几个数值列于表 2-25 中。

表 2-25　几种高聚物在不同温度时的 K、α 值

高聚物	溶剂	温度 / ℃	K / cm³·g⁻¹	α
	苯	25	0.123	0.72
聚苯乙烯	苯	30	0.106	0.74
	甲苯	35	0.370	0.62
聚乙烯醇	水	25	0.200	0.76
	水	25	0.156 0	0.50
聚乙二醇	水	30	0.012 5	0.78
	水	35	0.006 4	0.82

　　测定高分子溶液的黏度时，用毛细管黏度计最为方便。本实验采用的是乌氏黏度计，也叫气承悬柱式黏度计，其结构如图 2-29 所示，其特点是溶液的体积对测量流出时间没有影响，所以可以在黏度计内采取逐步稀释的方法得到不同浓度的溶液。如果溶液的浓度不大（$c < 0.01$ g·mL⁻¹），则溶液的密度 ρ 与溶剂的密度 ρ_0 可近似地看作相等，这样，通过分别测定溶液和溶剂的流出时间 t 和 t_0 就可求算 η_r：

$$\eta_r = \frac{\eta}{\eta_0} = \frac{t}{t_0} \tag{5}$$

　　进而可分别计算得到 η_{sp}、$\frac{\eta_{sp}}{c}$ 和 $\frac{\ln \eta_r}{c}$ 值。配置一系列不同浓度的溶液分别进行测定，以 $\frac{\eta_{sp}}{c}$ 和 $\frac{\ln \eta_r}{c}$ 为同一纵坐标，c 为横坐标作图，得两条直线，分别外推到 $c = 0$ 处，如图 2-30 所示，其截距即为 $[\eta]$，代入式(4)中，即可得到 $\overline{M}$。

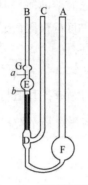

图 2-29　乌氏黏度计

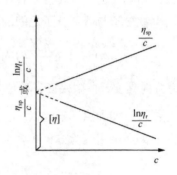

图 2-30　外推法求[η]示意图

三、仪器与试剂

仪器：乌氏黏度计 1 支、恒温水浴 1 套、50 mL 容量瓶 1 个、5 mL 移液管 1 支、10 mL移液管 1 支、乳胶软管 2 小截、吸耳球 1 个、夹子 2 个、秒表 1 只。

试剂：聚乙二醇(分析纯)、蒸馏水。

四、实验步骤

(1)将恒温水浴调至 25 ℃±0.1 ℃(视室温而定)。

(2)称取聚乙二醇 2 g(称准至 0.001 g)，在 50 mL 容量瓶中配制成浓度为 c_0 的水溶液。

(3)将已清洁干燥的乌氏黏度计的 B 管和 C 管管口分别套上小截乳胶软管(注意别用力过猛而掰断，可用手指蘸点水湿润一下管口外沿)，将 A 管固定在铁架台上，放入恒温水浴中，注意黏度计一定要竖直，不能偏斜，可由不同方向查验其垂直度。

(4)用移液管吸取 10.00 mL 聚乙二醇溶液，由 A 管注入黏度计的 F 球中(注意将移液管尽量伸入 A 管底部，不能将溶液黏在黏度计的管壁上)。用夹子夹住 C 管，借助洗耳球由 B 管管口向上将溶液吸入 G 小球中，再吹入 F 球，如此重复两遍。恒温 5 min。

(5)用洗耳球将溶液吸入 G 小球中，松开 C 管的夹子，让液体自由下落，测定流经 a、b 线所需的时间。测量 3 次，要求相差不超过 0.4 s。再用移液管在溶液中依次加入 5.00、5.00、5.00、10.00 mL 蒸馏水，同法逐一测定各浓度溶液的流出时间。

(6)用蒸馏水洗净黏度计，尤其是毛细管和小球部分要反复抽洗。装入适量蒸馏水，同法测定流出时间。

(7)实验结束后，将黏度计取出，卸掉上面的乳胶软管，甩干，放入烘箱中，以备下次使用。

五、注意事项

(1)高聚物在水中溶解缓慢，配制溶液时必须保证其完全溶解，否则会影响其浓度。

(2)黏度计使用过程中要保持竖直，且测量球必须处于恒温水浴液面以下。

(3)向黏度计中注入液体时，移液管尽量伸入 A 管底部，不要让液体溅到管壁，以免影响其体积或浓度。

(4)恒温槽中搅拌速度要适中，以免引起黏度计的振动，从而影响流出时间的测定。

(5)用洗耳球上吸液体时要缓慢，避免气泡的形成。

(6)实验中是将蒸馏水直接加入黏度计来稀释溶液，以得到不同浓度。蒸馏水加入后，必须先用洗耳球从 B 管不断鼓气(类似搅拌的作用)，使液体在 F 球中混合均匀，然后将溶液吸入 G 小球中，再吹入 F 球，如此重复两遍后才能准备测量。

(7)测定流出时间时 C 管的夹子要松开。

(8)黏度计必须洗干净，特别是毛细管和小球处，须借助吸耳球反复抽洗。

(9)洗涤或安装黏度计时要细心，以防把支管掰断或碰裂。

六、数据处理

(1)根据实验测得不同浓度的溶液和纯水溶剂的相应流出时间，分别计算 η_r、η_{sp}、$\dfrac{\eta_{sp}}{c}$、$\dfrac{\ln\eta_r}{c}$，并列表。

(2)以 $\dfrac{\eta_{sp}}{c}$ 和 $\dfrac{\ln\eta_r}{c}$ 分别对 c 作图，可得到两条直线，外推至 $c=0$ 处，求得 $[\eta]$。

(3)根据实验温度时的参数 K、α 值，再将 $[\eta]$ 值代入公式 $[\eta]=K\overline{M}^{\alpha}$ 中，计算聚乙二醇的平均相对分子质量 $\overline{M}$。

七、讨论

高聚物的平均相对分子质量因测定原理与计算方法的不同而异，其中黏度法设备简单，操作方便，有相当好的实验精度，但黏度法不是测相对分子质量的绝对方法，因为此法中所用的特性黏度与相对分子质量的经验方程 $[\eta]=K\overline{M}^{\alpha}$ 是要用其他方法来确定的。而且高聚物不同，溶剂不同，相对分子质量范围不同，就要用不同的经验公式，这会给参数 K 和 α 的确定带来不便。

高分子是由小分子单体聚合而成的，高聚物相对分子质量是表征聚合物特征的基本参数之一，相对分子质量不同，高聚物的性能差异很大。不同材料、不同用途对高聚物相对分子质量的要求是不同的。所以，测定高聚物的相对分子质量对生产和使用高分子材料具有重要的实际意义。

八、预习题

1. 奥氏黏度计和乌氏黏度计有什么异同？本实验能否用奥氏黏度计？
2. 简述乌氏黏度计的测量原理。
3. 乌氏黏度计的支管 C 有什么作用？除去 C 管是否仍可以测黏度？

九、预习测试题

1. 特性黏度反映的是(　　)。

A. 无限稀释溶液中高聚物分子与溶剂分子之间的内摩擦

B. 无限稀释溶液中溶剂分子之间的内摩擦

C. 无限稀释溶液中高聚物分子与容器器壁之间的摩擦

D. 无限稀释溶液中高聚物分子之间的内摩擦

2. 黏度法测定高聚物相对分子质量实验测定的高聚物是(　　)。

A. 聚乙二醇

B. 聚乙烯醇

C. 聚氯乙烯

D. 右旋糖苷

3. 为测定高聚物的平均相对分子质量,下列哪种方法是不宜采用的(　　)。

A. 渗透压法

B. 光散射法

C. 凝固点降低法

D. 黏度法

4. 在黏度法测高聚物的相对分子质量实验中,不影响测定准确性的是(　　)。

A. 黏度计是否垂直放置

B. 恒温槽温度是否恒定

C. 溶剂体积未准确量取

D. 黏度计中毛细管是否干净

5. 用乌氏黏度计测量第二个溶液的流出时间时,如果忘了将黏度计 C 管上的夹子放开,使毛细管末端通大气,则测得的相对黏度(　　)。

A. 偏大

B. 偏小

C. 无影响

D. 无法确定

十、思考题

1. 高聚物的 η_r、η_{sp}、$\dfrac{\eta_{sp}}{c}$、$\dfrac{\ln\eta_r}{c}$ 和 $[\eta]$ 的物理意义各是什么?

2. 黏度计毛细管粗或细各有什么优缺点?

3. 实验中若没有将黏度计 C 管上的夹子放开,则所测时间有何变化?试分析其原因。

4. 测定蒸馏水的流出时间时,蒸馏水的加入量是否需要精确量取?

5. 评价黏度法测定高聚物相对分子质量的优缺点,指出影响准确测定结果的因素。

十一、实验数据记录表

将所测数据填入表 2-26 中。

表 2-26　实验数据记录表

温度:＿＿＿＿＿＿℃　　聚乙二醇溶液初始浓度 c_0:＿＿＿＿＿＿g·cm^{-3}

浓度 c/	t_1/s	t_2/s	t_3/s	$\bar{t}$/s	η_r	η_{sp}	$\dfrac{\eta_{sp}}{c}$	$\dfrac{\ln\eta_r}{c}$

第三章 设计性实验

设计性实验是在学生基本完成物理化学实验课的学习后，已具备了一定的物理化学实验知识和基本技能的基础上开设的。它要求学生在规定的学时内运用所学知识设计并完成指定要求的实验。设计性实验所选的课题不应偏离基础实验太远，难度不能太大，它既不是基础实验的重复，又区别于科创项目和毕业论文。

设计性实验是在教师指导下，学生选择适宜的实验课题，从查阅文献资料入手确定实验方案，选择合理的仪器设备，组装实验仪器，进行独立的实验设计和操作，并以论文的形式写出实验报告。因而有利于对学生进行较全面的、综合性的实验技能训练，初步培养学生进行科学研究的能力。

设计性实验要针对学生能力的差异提出不同的要求，因此设计性实验的形式和内容应该是多样的。对于能力较强的学生，要引导他们在实验的改进和创新上下工夫，科研的色彩浓些；对于能力一般的学生，引导他们从已做过的实验中去尝试用另外的方法获得结果，或用同样的方法测试其他体系，着重于应用和巩固已学实验的原理和方法。

学科的综合和渗透是学科不断发展的动力，在设计性实验的选题上要鼓励和引导学生将所学的物理化学实验知识与他们的专业相结合，不断提高自身的创造力和综合能力。

为使学生能完成好设计性实验，提出如下的教学要求：

(1)根据所选的课题，查阅相关文献资料，熟悉实验所涉及的基本原理，了解相关仪器的使用方法。

(2)拟定实验方案，包括实验目的、所需实验仪器与试剂、基本实验步骤。

(3)初步的实验方案交指导教师审查修改后形成详细的实验计划。

(4)选择适当的仪器，确定合适的实验条件，测定可靠的实验数据，所有原始数据应及时、完整地记录于所设计的表格中。

(5)处理实验数据，要求计算正确、图表清晰、规范；对得出的结果或结论进行必要的解释和说明；对实验中存在的问题进行讨论分析。

(6)以论文的形式撰写实验报告。

本章列出了可供参考和选择的设计性实验项目名称，并对每个实验的目的和设计要求进行了简要说明。

实验 24 食醋中总酸含量的测定

一、实验目的
1. 熟习 NaOH 标准溶液的配制与标定方法；
2. 掌握对待测液用酚酞指示剂进行普通酸碱滴定分析的方法；

3. 进一步熟悉对有色待测液进行电导滴定的方法；

4. 熟悉酸度计的使用方法；

5. 了解国家标准《食品中总酸的测定方法》中用 pH 计指示滴定终点的测定方法。

二、设计提示

食醋的主要成分为乙酸，此外还含有少量的其他有机酸，如乳酸等。用 NaOH 标准溶液滴定乙酸，可用酚酞作指示剂，滴定终点时由无色变为微红色，食醋中可能存在的其他各种形式的酸也与 NaOH 反应，滴定所得为总酸度。食醋通常有一定的颜色，可取少量待测液先用水稀释，使其颜色变淡后再进行滴定。

电导滴定就是以溶液电导率的转折点作为化学反应终点的分析方法，该法适用于浑浊、有色样品的测定。

电势（或 pH）滴定是根据电动势（或 pH）突变时对应的加入滴定液的体积确定被分析离子的浓度的方法，该法不需要指示剂，操作简便。

三、设计要求

（1）完成 NaOH 标准溶液的配制与标定。

（2）尝试不同的取样量和稀释倍数，完成指示剂滴定分析。

（3）根据基础实验相关原理，完成电导滴定的测定，可以尝试不同稀释倍数对电导率曲线转折点的影响。

（4）查阅相关国家标准，了解对不同种类酸滴定终点 pH 值的规定要求。

四、思考题

对指示剂滴定、电导滴定和电势（pH）滴定 3 种分析方法进行比较，对各自的优缺点进行讨论和分析。

实验 25 大孔树脂对桑葚红色素的吸附

一、实验目的

1. 了解大孔树脂的结构和特点；

2. 进一步熟悉固体自溶液吸附的基本原理，掌握吸附量的测量方法；

3. 熟悉分光光度法测定红色素吸光度曲线及其浓度的方法。

二、设计提示

固体在溶液中的吸附过程关系到固体、溶剂、溶质三者的相互作用力。在一定的温度和压力下，吸附剂的吸附面积决定其吸附量的大小，为了提高吸附量，应尽可能增加吸附剂的比表面积。大孔吸附树脂，由于具有比表面积大、化学性质稳定、吸附选择性好等优点，已广泛应用于中药及天然产物提取液中有效成分的富集和纯化。

天然色素以其安全可靠、色泽自然、有不少品种皆有营养和药理作用而逐步受到重视，桑葚红色素就是其中之一。天然色素溶液的色泽、吸收光谱及最大吸收波长都会随着溶液 pH 值的不同而发生变化，因此在实验测定过程中应使用和其自身(如桑果汁本身)pH 值接近的缓冲溶液进行稀释。

三、设计要求

(1)掌握柠檬酸–柠檬酸钠缓冲溶液(pH = 3.00)的配制方法。

(2)测定桑果汁在可见光波长范围内的吸光度，并绘制吸光度曲线，从而确定桑葚红色素的最大吸收波长。

(3)至少选择 3 种不同型号的大孔树脂，通过测定不同吸附时间桑果汁的吸光度，从而计算出对桑葚红色素的吸附率。

(4)绘制吸附率–吸附时间曲线。

四、思考题

通过吸附曲线，对所选择的几种大孔树脂的吸附性能进行比较，筛选出对桑葚红色素有较好吸附性能的树脂。

实验 26　硫酸铜水合反应热的测定

一、实验目的

1. 进一步熟悉用热量计测定化学反应热的实验方法和操作技能；

2. 掌握过程温差校正的方法(雷诺校正法)。

二、设计提示

硫酸铜的水合反应为

$$CuSO_4(s) + 5H_2O(l) \Longrightarrow CuSO_4 \cdot 5H_2O(s)$$

差热分析通过 $CuSO_4 \cdot 5H_2O$ 的失水过程的热效应来测定。根据盖斯定律，可以通过测定 $CuSO_4$ 和 $CuSO_4 \cdot 5H_2O$ 溶解于水形成相同浓度溶液的热效应来计算硫酸铜水合反应的反应热。

$$CuSO_4(s) \Longrightarrow Cu^{2+}(aq) + SO_4^{2-}(aq) \qquad \Delta H_1 > 0$$

$$CuSO_4 \cdot 5H_2O(s) \Longrightarrow Cu^{2+}(aq) + SO_4^{2-}(aq) + 5H_2O(l) \qquad \Delta H_2 < 0$$

所以，硫酸铜水合反应的反应热 $\Delta H = \Delta H_1 - \Delta H_2$。

由于水合反应热数值不大，因此，实验过程的温差记录和校正必须非常准确和仔细。

三、设计要求

(1)写出用溶解热测定的方法来测定硫酸铜水和反应热的原理。

（2）选择适当的测温仪器。

（3）通过电热法标定热量计常数，并分别测定 $CuSO_4$ 和 $CuSO_4 \cdot 5H_2O$ 的溶解热。

（4）温差较正可直接在热谱图上进行。

四、思考题

与用差热分析的方法和结果进行比较，各有什么特点？

实验 27　H^+ 浓度对蔗糖水解反应速率的影响

一、实验目的

1. 进一步理解准一级反应的含义；

2. 进一步熟悉旋光仪的使用；

3. 了解蔗糖水解反应速率常数与 H^+ 浓度之间的关系。

二、设计提示

固体蔗糖水解反应生成葡萄糖和果糖：

$$C_{12}H_{22}O_{11} + H_2O \Longrightarrow C_6H_{12}O_6(\text{葡萄糖}) + C_6H_{12}O_6(\text{果糖})$$

为使水解反应加速，常以酸作为催化剂，故反应在酸性介质中进行。此反应的反应速率与蔗糖的浓度、水的浓度以及催化剂 H^+ 的浓度有关。但反应过程中，由于水是大量的，可认为水的浓度基本是恒定的，且 H^+ 是催化剂，其浓度也保持不变，故反应速率只与蔗糖的浓度有关，所以蔗糖水解反应可看作是准一级反应。

蔗糖水解为酸催化反应，当选用不同的酸催化剂（如 HCl、HNO_3、H_2SO_4）或同一种酸催化剂浓度不同时，反应速率常数不同。一般认为，当 H^+ 浓度较低时，速率常数与 H^+ 浓度成正比，但当 H^+ 浓度较大时，速率常数和 H^+ 浓度不成比例，而且用不同的酸催化剂对反应速率常数的影响也不一样。

三、设计要求

（1）推导出蔗糖水解反应溶液旋光度和反应速率常数之间的关系式。

（2）选择同种酸作催化剂，测定不同浓度下蔗糖水解反应溶液旋光度的变化。

（3）通过作图法确定蔗糖水解反应速率常数。

（4）绘图，并讨论酸度与速率常数的关系。

四、思考题

由于不同酸浓度下反应溶液旋光度变化的快慢程度不同，在实验中对测定旋光度的间隔时间应如何把握？如果一直保持相同的间隔时间是否合适？

实验 28　表面活性剂 SDS 对孔雀绿褪色反应的影响

一、实验目的
1. 学习用分光光度法测定可逆反应平衡常数和正逆反应速率常数的方法；
2. 了解表面活性剂溶液作为一种特殊的介质对化学反应所产生的影响。

二、设计提示
孔雀绿在可见光范围有较强的吸收，其碱褪色反应为可逆反应，特别是在表面活性剂十二烷基硫酸钠（SDS）存在时，表现得十分明显。其水解产物在孔雀绿最大吸收波长下几乎无吸收。当孔雀绿的初始浓度远小于碱的初始浓度时，表现为准 1-1 型可逆反应。

用光谱法所测反应的表观一级速率常数为正、逆反应速率常数之比。

已知孔雀绿在纯碱溶液中水解反应的平衡常数为 6.30×10^4。

三、设计要求
（1）推导出始态和终态体系的吸光度和反应的表观一级速率常数的关系，获得可逆反应平衡常数和正、逆反应速率常数的计算公式。

（2）测定在室温下孔雀绿水溶液的吸光度曲线及最大吸收波长。

（3）在室温和最大吸收波长下，探讨不同浓度的 SDS 溶液对孔雀绿在 NaOH 溶液中褪色反应的影响，计算出正、逆反应的速率常数。

（4）绘制孔雀绿褪色反应的正、逆反应速率常数与 SDS 浓度的关系图。

四、思考题
从绘制的曲线分析 SDS 浓度对孔雀绿褪色反应的正、逆反应速率常数的影响关系，讨论 SDS 对孔雀绿碱褪色反应的正反应起禁阻作用，而对逆反应起促进作用的原因。

第四章 研究性实验

物理化学实验中"基础性实验"训练，是经典的、成熟的科学研究的简化过程，主要通过已知的实验步骤训练学生的实验操作以及数据后期处理的能力，"设计性实验"则是通过具体的实验目标，在经过基础训练的前提下，通过训练学生设计部分实验步骤，培养学生设计实验并实施的能力。"研究性实验"则是在"基础性实验""设计性实验"的基础上，通过实验整体方案的设计、实验条件的选择等过程训练，使学生在实践中学习实验设计与研究的基本方法，同时也为将来的毕业论文和科学研究做必要的知识积累。

本部分实验内容首先需要学生根据研究的课题，通过理论分析、查阅资料，根据合适的实验原理、设计实验方案进行实验研究，因此实验研究最重要的是体现出实验者的查阅和整合参考资料的能力、设计实验的思维能力和实验研究能力。

其次，根据实验目标，选择合适的实验方法和测试仪器，并通过实验加以验证。这一部分需要严谨的论证，可以锻炼学生严谨的科学思维能力以及动手操作能力。

最后，通过撰写研究报告，从设计、实施到总结，对实验研究结果进行分析和讨论，完成实验研究的全过程，实现对实验现象从感性认识到理性认识的转化。

实验 29　利用酸度计研究乙酸乙酯的皂化反应

一、实验原理

在乙酸乙酯皂化反应速率常数测定实验中，溶液 pH 值的变化，可以反映溶液中反应物的浓度，通过监测溶液的 pH 值，可以测量皂化反应的速率常数。

乙酸乙酯的皂化反应式为

$$CH_3COOC_2H_5 + OH^- \Longrightarrow CH_3COO^- + C_2H_5OH$$

该反应是典型的二级反应，若乙酸乙酯和氢氧化钠的初始浓度相等时，设起始浓度为 c_0，t 时刻浓度变为 c_t，速率常数为 k，反应的动力学方程表达式为

$$\frac{1}{c} = kt + \frac{1}{c_0}$$

可以通过测量 t 时刻反应物的浓度 c，利用 $\frac{1}{c}$ 对 t 作图，由直线的斜率获得速率常数 k。测量浓度 c 常用测量电导率的方法。同时，根据溶液中碱的浓度以及 pH 值的定义，可以推导利用溶液 pH 值表示速率方程，并通过监测溶液在一系列 t 时刻的 pH 值，获得速率常数。

二、研究内容

根据实验室老师提供的材料及数据库查询相关资料，并根据溶液中氢氧化钠浓度与 pH 值的关系，寻找 pH 值与反应时间 t 的关系，以此为根据，设计实验，测量相关数据并获得反应的速率常数，研究温度对反应速率的影响，并与传统的电导法实验结果进行对比。

三、仪器与试剂

仪器：酸度计、电导率仪、恒温水浴、秒表、天平、烧杯、移液管等。

试剂：氢氧化钠，乙酸乙酯，蒸馏水等。

四、撰写研究报告

根据实验设计及实验结果，撰写研究报告。

实验 30 表面活性剂临界胶束浓度的测定

一、实验原理

表面活性剂是指具有一定性质、结构和界面吸附性能，能显著降低溶液表面张力或液-液界面张力的一类物质。表面活性剂分子由极性的亲水基团和非极性的疏水基团共同构成，在结构上不对称，这种结构使表面活性剂具有两亲性。表面活性剂溶入水中后，在低浓度时呈分子状态，并且三三两两地把亲油基团靠拢而分散在水中。当溶液浓度增加到一定程度时，许多表面活性分子立刻结合成很大的基团，形成"胶束"，如图 4-1 所示。

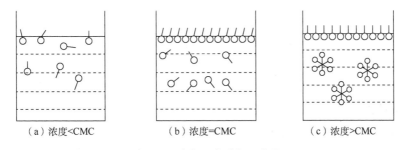

|（a）浓度<CMC|（b）浓度=CMC|（c）浓度>CMC|

图 4-1 胶束形成过程示意图

以胶束形式存在于水中的表面活性物质是比较稳定的。表面活性物质在水中形成胶束所需的最低浓度称为临界胶束浓度，以 CMC(critical micelle concentration)表示。实验测出在 CMC 时，表面活性剂溶液的一些物理化学性质发生了突变，如表面张力、渗透压、电导率、去污能力等，如图 4-2 所示。

这种浓度与性质的特殊现象是测定 CMC 的实验依据，也是表面活性剂的一个重要特征。

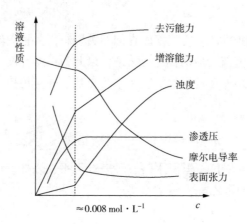

图 4-2　十二烷基硫酸钠水溶液的物理性质与浓度的关系

二、研究内容

首先按照实验原理和自己选取的实验材料，查阅文献，预估所选取离子型表面活性剂的 CMC 值，并根据数据合理设计待测溶液的浓度区间，并通过测定不同浓度活性剂的电导率，获取临界胶束浓度值。

可以选取几种离子型表面活性剂，也可选取非离子型表面活性剂作对比。

三、仪器与试剂

仪器：电导率仪、移液管、试管、容量瓶等。

试剂：离子型表面活性剂(如十二烷基磺酸钠)、蒸馏水等。

四、撰写研究报告

根据实验设计及实验结果，撰写研究报告。

实验 31　活性炭比表面积的测定

一、实验原理

比表面积是多孔物质重要的性质，可以利用吸附特性来获得其比表面积。活性炭属于表面大的多孔性吸附剂，在溶液中有较强的吸附能力。由于吸附剂表面结构的不同，对不同的吸附质有着不同的相互作用，因而吸附剂能够从混合溶液中有选择地把某一种溶质吸附，吸附能力的大小常用吸附量 Γ 表示，通常指每克吸附剂上吸附溶质的物质的量。朗格缪尔吸附理论认为：吸附是单分子层吸附，即吸附剂一旦被吸附质占据之后，就不能再吸附；吸附和解吸附成平衡。设 Γ_m 为饱和吸附量，即表面被吸附质铺满一分子层时的吸附量。在平衡浓度为 c 时的吸附量 Γ 可用下式表示

$$\frac{c}{\Gamma} = \frac{1}{\Gamma_m b} + \frac{c}{\Gamma_m}$$

作 $\dfrac{c}{\Gamma}-c$ 的图，得一直线，由直线的斜率可求得 Γ_m。

根据 Γ_m 数值，按朗格缪尔单分子层吸附的模型，并假定吸附质分子在吸附剂表面上是直立的，若知道每个吸附质分子截面积为 A，L 代表阿伏伽德罗常数。则吸附剂的比表面 S_0 可按下式计算得到

$$S_0 = \Gamma_m L A$$

由上分析可知，关键是确定吸附前后吸附质浓度的变化，所以需要根据吸附质的特点，确定吸附以及吸附平衡后，测定吸附质的浓度。

例如，被吸附物质为有色样品（如亚甲基蓝），可以根据朗伯-比尔定律，确定吸光度与亚甲基蓝浓度之间的关系，确定待测亚甲基蓝浓度；若被吸附物质为乙酸，可以根据普通的酸碱滴定，或者乙酸在发生电极反应时，浓度与电流的对应关系，确定乙酸的浓度等。也可用不同的测试方法得出活性炭的比表面积，并进行对比。

二、研究内容

利用实验室提供的参考资料，或者利用中国期刊网等数据库检索，查阅与本实验相关的研究内容。特别是利用电化学方法检测活性炭比表面积及用活性炭吸附有机酸和染料的研究成果。通过查阅文献资料，制订出实验研究方案，并与指导老师讨论方案可行性。根据查阅的文献及自己选取的吸附质，进行试验探索，成功后可以继续寻找其他更有实际应用价值的吸附质，可以选取不同的测定方法（普通酸碱滴定法、电化学方法以及吸光度法等），并将测量结果与 BET 吸附法作对比。

三、仪器与试剂

仪器：电化学工作站、甘汞电极、铂工作电极、铂对电极和电极抛光材料（或分光光度计）、恒温振荡器、离心机（或滤纸、漏斗）、分析天平、具塞锥形瓶等。

试剂：活性炭、亚甲基蓝、乙酸、氢氧化钠、0.1%酚酞指示剂、蒸馏水等。

四、撰写研究报告

根据实验设计及实验结果，撰写研究报告。

实验 32　碘与碘离子络合反应平衡的研究

一、实验原理

在水溶液中，碘与碘离子存在如下平衡 $I_2+I^-=I_3^-$，其平衡常数 $K_c=\dfrac{c(I_3^-)}{c(I_2)\cdot c(I^-)}$。为了测定平衡常数，应在不影响平衡移动的条件下测定各物质的组成。例如，当反应达到平衡时，若用 $Na_2S_2O_3$ 标准溶液滴定反应液中的 I_2，则随着 I_2 的消耗，平衡将向左移动，使 I_3^- 不断分解，最终测得的是溶液中 I_2 和 I_3^- 的总量。为了解决这个问题，可以向

上述反应水溶液中加入 CCl_4，使一部分的 I_2 溶于 CCl_4 中（I^- 和 I_3^- 不溶于 CCl_4），在一定温度下，上述离子平衡和 I_2 在 CCl_4 层、水层的分配平衡同时建立。通过测定分配平衡的分配系数 K_d，可以得到水相中 I_2 的浓度，即

$$c\left(I_2\right)=\frac{c\left(I_2,CCl_4\right)}{K_d}$$

通过测定水相中 I_2 和 I_3^- 的总浓度 a 得到水相中 I_3^- 的浓度，即

$$c\left(I_3^-\right)=a-c\left(I_2\right)$$

再根据水相中 I^- 和 I_3^- 的总量 b 求出水相中 I^- 的浓度，即

$$c\left(I^-\right)=b-c\left(I_3^-\right)$$

以上各物质的平衡浓度确定后，即可计算平衡常数。通过测定不同温度下的平衡常数可求得反应的 $\Delta_r H_m$。

二、研究内容

利用老师提供的参考材料和提示，或者利用互联网数据库检索，查阅与本实验相关的资料，学习碘与碘离子络合平衡体系的分析方法。在查阅资料的基础上，设计出化学分析法测定该体系平衡常数的实验步骤。

按照拟定的实验方案，准备实验所需的仪器与药品，进行实验操作。实验研究应包括：①设计分光光度法测定该体系平衡常数的实验步骤；②探究电导法测定该体系平衡常数的可行性；③将实验测定结果与文献值对比。

三、仪器与试剂

仪器：超级恒温水浴、磨口锥形瓶、移液管、碱式滴定管等。

试剂：碘、碘化钾、硫代硫酸钠、四氯化碳、淀粉等。

四、撰写研究报告

根据实验设计及实验结果，撰写研究报告。

实验33　电化学方法测定难溶物的溶度积

一、实验原理

难溶物在水溶液中溶解度小，其在溶液中饱和时离子活度的乘积即为溶度积 K_{sp}，但因离子浓度低，难以用传统的滴定方法获得难溶物的浓度，进而获取难溶物的溶度积 K_{sp}，本实验利用难溶物的电化学特性，测定或计算难溶物的 K_{sp}。

(1)电导法测定难溶物溶度积　一些微溶物如硫酸钡、氯化银、溴化银和氢氧化镁等，在水中的溶解度很小，用一般的化学分析方法很难直接测定，而利用电导法却能方便地求出其溶解度。首先测定高纯水的电导率 $\kappa(H_2O)$，然后测定用此高纯水配制的待测难溶盐饱和溶液的电导率，记为 $\kappa(饱和)$，由于难溶盐的饱和溶液很稀，水的电导率

已占一定比例，不能忽略，所以计算该难溶盐的电导率 κ（难溶物）时应减去水的电导率 $\kappa(H_2O)$。因为溶解度很小，而盐又是强电解质，所以其饱和溶液的摩尔电导率可以认为近似等于无限稀释摩尔电导率，由此可得该盐的饱和溶液的浓度 $c = \kappa$（难溶盐 $/\Lambda_m^\infty$，溶液浓度很小，活度系数可近似看作 1，则根据 K_{sp} 定义即可计算。

（2）电动势法测定难溶物溶度积 根据电化学知识，可将难溶物溶解平衡反应设计成可逆电池，根据 $\Delta_r G_m^\ominus = -RT\ln K^\ominus$ 和 $\Delta_r G_m^\ominus = -nFE^\ominus$，可以计算溶解平衡常数，即 K_{sp}。

（3）pH 法测定难溶物溶度积 盐溶液的 pH 值取决于盐中离子的水解平衡。如果向溶液中加酸将降低溶液的 pH 值，通常不生成沉淀；加碱则使溶液的 pH 值增大，将生成溶解度低的氢氧化物或碱式盐沉淀。

现以镁离子为例，解释水溶液中形成氢氧化物的 pH 值和 K_{sp} 的关系：

氢氧化镁的溶度积用下式表示 $K_{sp} = a_{Mg^{2+}} a_{OH^-}^2$，其中 $a_{OH^-} = K_w/a_{H^+}$，则

$$K_{sp} = a_{Mg^{2+}} \left(\frac{K_w}{a_{H^+}} \right)^2$$

取对数得

$$\lg K_{sp} = \lg a_{Mg^{2+}} + 2\lg K_w - 2\lg a_{H^+} = \lg a_{Mg^{2+}} + 2\lg K_w + 2pH$$

由此可知，计算氢氧化镁的 K_{sp}，首先要获得镁离子的活度。例如，用氢氧化钠溶液滴定硫酸镁稀溶液时，在氢氧化镁沉积以前，由于加入溶液中的氢氧化钠，只中和溶液中的 H^+，所以溶液的 pH 增加较快。当氢氧化镁开始沉积时，生成氢氧化镁消耗了加入溶液中的碱，溶液的 pH 值几乎保持不变，直至镁离子沉淀完毕，继续滴加碱，则是单纯的增加电解质溶液浓度，这会使溶液的 pH 值再次急剧上升。其中一段平坦的线段，即对应着氢氧化镁的析出过程。利用此段的实验数据可以求出氢氧化镁的溶度积。

二、研究内容

利用实验室提供的参考资料，以及查询数据库中相关文献，复习电导法测定难溶物溶度积的方法，电动势与难溶盐溶度积的关系，以及酸度与难溶氢氧化物沉积之间的关系，了解电解质溶液的 pH 值对电镀和电解过程的影响及意义。

通过查阅文献资料，设计出电化学方法测量难溶氢氧化物溶度积的实验方案，方案应包括电导法、电动势法和 pH 法。对上述 3 种实验方法逐一进行实验研究，并对 3 种实验进行比较，分析其优缺点。

三、仪器与试剂

仪器：电导率仪、酸度计、控温磁力搅拌器、碱式滴定管等。

试剂：氢氧化钠、硫酸镁、蒸馏水、标准缓冲盐（pH = 6.86，pH = 4.00）等。

四、撰写研究报告

根据实验设计及实验结果，撰写研究报告。

第五章　物理化学实验常用仪器

第一节　精密数字温度温差仪

在物理化学实验中，对体系的温差进行精确测量时（如燃烧热和中和热的测定），以往都是使用传统的水银贝克曼温度计，这种温度计虽然原理简单、形象直观，但使用时易破损怕震动，且不能实现自动化控制，特别是在使用前的调节比较麻烦。针对这种

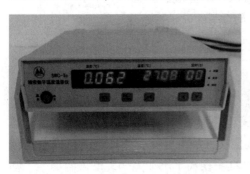

情况，近年来随着数字电子技术的发展，出现了数字式精密温差测量仪。该仪器具有与贝克曼温度计相同的功能，主要用于精密的温差测量。由于其灵敏度高、操作方便、数据直观和无汞污染等特点，正在逐渐替代传统的贝克曼温度计。数字式精密温差测量仪有多种型号，以南京桑力电子设备厂生产的SWC-II_D型精密数字温度温差仪（图5-1）为例简要说明其原理、功能及使用方法，该仪器同时还可用作温度测量。

图5-1　SWC-II_D型精密数字温度温差仪

一、原理与性能

温度传感器将温度信号转换成电压信号，经过多级放大器组成的测量放大电路放大后转变成相应的模拟电压量，再由数模（A/D）转换器将模拟信号转换成数字信号，然后由单片机连续采集该数字信号并经过滤波和线形校正，最后的测量结果由四位半的数码管显示，或通过RS232通信口输出。

由于仪器采用了全集成电路设计，具有质量轻、体积小和高稳定性等特点。主要技术指标如下：

温度测量范围：-20~100 ℃；

测量温差的温度范围：-20~100 ℃；

温度测量分辨率：0.01 ℃；

温差测量分辨率：±0.001 ℃；

供电电源：190~240 V，50 Hz。

二、使用方法

(1)将探头插入被测物中，深度大于5 cm，打开电源开关，仪器即显示所测物的温度。

（2）温差测量

①基温选择：仪器根据被测物温度，自动选择合适的基温，其基温选择的标准见表5-1。

表 5-1 基温的选择标准表

温度 T	基温 T_0	温度 T	基温 T_0
$T < -10\ ℃$	$-20\ ℃$	$50\ ℃ < T < 70\ ℃$	$60\ ℃$
$-10\ ℃ < T < 10\ ℃$	$0\ ℃$	$70\ ℃ < T < 90\ ℃$	$80\ ℃$
$10\ ℃ < T < 30\ ℃$	$20\ ℃$	$90\ ℃ < T < 110\ ℃$	$100\ ℃$
$30\ ℃ < T < 50\ ℃$	$40\ ℃$	$110\ ℃ < T < 130\ ℃$	$120\ ℃$

②温差显示：面板温差显示部分即为被测物实际温度 T 与基温 T_0 的温度差。

（3）"采零"键的应用 当温差显示值稳定时，可按"采零"键，使温度显示为"0.000"，仪器将此时的被测物温度 T 当作0，若被测物温度变化时，则温差显示的极为温度的变化值。

（4）"锁定"键的应用 在一次测定过程中，仪器"采零"后，当被测物温度变化过大时，仪器的基温会自动选择，这样，温差的显示值将不能正确反映温度的变化值，所以在测定开始后，按"采零"键后，再按"锁定"键，则仪器将不会改变基温。此时"采零"键也不起作用，直至重新开机。

（5）"测量/保持"键的应用 当温度和温差的变化太快无法读数时，可将面板"测量/保持"按钮置于"保持"位置，读数完毕后再转换到"测量"位置，跟踪测量。

（6）定时读数 按面板"▲"键或"▼"键，调至所需的报时间隔（范围在 1~99 s 之间），调整完后，定时显示倒计时，当一个计数周期完毕后，蜂鸣器鸣叫，此时可观察和记录数据。若不需要定时报警提示，只需将"定时"读数调至"0"即可。

三、使用注意事项

（1）在测量过程中，"锁定"键需慎用，一旦按"锁定"键后，基温自动选择和"采零"键将不起作用，直至重新开机。

（2）当仪器显示杂乱无章或显示"OUL"时，表明仪器温度测量已超量程，应检查被测物的温度或热电偶是否连接好，且重新"采零"。

（3）仪器数字不变时，可检查仪器是否处于"保持"状态。

第二节 DP-A 精密数字压力计

数字式气压计是近年来随着电子技术和压力传感器的发展而产生的新型气压计。由于其质量轻、体积小、使用方便和数据直观，更因无汞污染而逐渐代替传统的气压计。

数字式气压计的工作原理是利用精密压力传感器，将压力信号转换成电信号，由于该电信号较微弱，还需经过低漂移、高精度的集成运算放大器放大后，再由 A/D 转换器转换成数字信号，最后由数字显示器输出。其分辨率可达到 0.01 kPa，甚至更高。

数字式气压计 DP-A 精密数字压力计因型号不同而适用范围不同。主要分两大类，分别用于测定系统的绝对压强和系统内外的相对压差。常见的几种型号及其用途如下：

（1）DP-AG 精密数字压力计（图 5-2）　测量范围为 101.3 kPa±30 kPa，测量分辨率为 0.01 kPa，适用于测绝压或实时显示大气压，可以替代福廷式气压计。该压力计使用极其方便，只需打开电源，预热 5 min 即可读数。初始状态为"kPa"指示灯亮，显示以 kPa 为计量单位的气压值；按一下"单位"键，"mmHg"指示灯亮，显示以 mmHg 为计量单位的气压值。须注意，应将仪器放置在空气流动较小、不受强磁场干扰的地方。

（2）DP-AF 精密数字压力计　测量范围为 $-101.3 \sim 0$ kPa，测量分辨率为 0.01 kPa，属于低真空检测仪器，适用于负压测量及饱和蒸气压测定实验。

（3）DP-AW 精密数字压力计（图 5-3）　测量范围为 $-10 \sim 10$ kPa，测量分辨率为 0.001 kPa，属于微压检测仪器，适用于正、负微压测量及最大气泡法测定表面张力实验。

图 5-2　DP-AG 精密数字压力计

图 5-3　DP-AW 精密数字压力计

后两种压力计除测量范围、分辨率不同外，测定原理和使用方法基本一致。在测定时，需用真空橡胶管将仪器后面板压力接口与被测系统连接，在系统与外界大气压处于等压状态下，按一下"采零"键，使仪表自动扣除传感器零压力值（零点漂移），显示为 0，此数值表示此时系统和外界的压力差为 0。当系统内压力降低时，则显示负压力数值，将外界压力加上该负压力数值即为系统内的实际压力值。

第三节　SYP-Ⅱ型玻璃恒温水浴

一、仪器特点

SYP-Ⅱ型玻璃恒温水浴，采用高温玻璃材料制成，耐温性能好，采取了与数字恒温控制器连体式设计，结构更紧凑，升温、搅拌一体化，温度波动小，控温准确度高，使用安全简便。

二、技术指标

控温方式：数字控温；

温度范围：室温~95 ℃；

总功率：1 kW；

温度分辨率：0.1 ℃；

温度波动：±0.1 ℃；

回差调节：±0.1 ℃ ~ ±0.5 ℃；

水浴容量：30 L；

工作尺寸：ϕ300 mm×300 mm。

三、仪器外观（图 5-4）

四、使用方法

（1）使用时必须首先加水于玻璃缸内，所加水位必须高于电热管表面，接通电源，将传感器置于水中，电源开关置于"开"，此时左边 LED 显示为实际水的温度，右边 LED 显示设定温度。

（2）回差温度设置 按"回差"键，回差将依次显示为 0.5→0.4→0.3→0.2→0.1，选择所需的回差值即可，一般选 0.1~0.3 即可达到实验要求。当介质温度小于设定温度减回差时，加热器处于加热状态；当介质温度大于设定温度加回差时，加热器停止加热。由此可见，此"回差"即为恒温槽的灵敏度。

（3）根据实验要求，设置"设定温度"的数值至所需温度值。先按动" ↻ "键，右边 LED 的第一位数

图 5-4 SYP-Ⅱ型玻璃恒温水浴

字（十位数）闪烁，再按动一次，则第二位数字（个位数）闪烁，按动3次,则第三位数字（十分位数）闪烁。当所需设置的数字闪烁时，通过多次按动"▲"或"▼"键，使此位数字逐次增大或减小到所需设置的数值。当所有位置上的数字全部设置好后，再按动" ↻ "键转换到工作状态，所有数字不再闪烁，"工作"指示灯亮，此时右边 LED 显示值即为设定的温度值。

（4）开始加热时，应使升温速度尽可能快些，故可将加热器置于"强"档位，但当温度接近所设温度前（达到设置温度前 2~3℃），可将加热器置于"弱"档位，以减缓升温速度，使温度上升平缓，避免温度变化过于剧烈，以达到理想的控温效果。在需要快速搅拌时"水搅拌"置于"快"档位，通常情况下置于"慢"档位即可。

（5）当系统温度达到"设定温度"值时，工作指示灯自动转换到"恒温"状态。

（6）若按下"复位"键，仪器返回开机时的初始状态，此时可重新进行上述的操作。

五、使用注意事项

（1）水浴在搬动过程中，须轻拿轻放，以免因破裂而引起安全事故。

（2）恒温槽加水不宜过多，以免加热或搅拌过程中水溢出，但最低水位不能使加热管露出水面，以免加热器"干烧"损坏，造成事故。

（3）长期搁置再启用时，应将灰尘等打扫干净后，将水浴试通电，检查有无漏电现象，避免因长期搁置产生的灰尘及受潮造成漏电事故。

第四节　阿贝折光仪

一、仪器用途

阿贝折光仪是能测定透明、半透明液体或固体的折射率 n_D 的仪器（其中以测透明液体为主），可直接用来测定液体的折光率，定量地分析溶液的组成，鉴定液体的纯度。折光率的测量，所需样品量少，测量精密度高（折光率可精确到 0.000 1），重现性好，所以阿贝折光仪是石油工业、油脂工业、制药工业、制漆工业、日用化学工业、制糖工业和地质勘察等有关工厂、学校及科研单位中常见的光学仪器。

二、规格型号

WYA-2WAJ 型阿贝折光仪测量范围：1.300～1.700；测量精度：0.000 1。

三、仪器外观（图 5-5）

（a）阿贝折光仪正面　　　　　　　　（b）阿贝折光仪背面

图 5-5　阿贝折光仪

四、使用方法

1. 阿贝折光仪的校正

阿贝折光仪的校正有两种方法。第一种方法是利用阿贝折光仪附件内的标准玻璃块，上面刻有固定的折光率。先将右面镜筒下面的直角棱镜完全打开使成水平，将少许溴代萘（$n=1.66$）置于棱镜的光滑面上，玻璃块就黏在上面，转动刻度盘，使所示刻度和玻璃块上的数值完全相同，然后调节到有清晰的分界线，分界线的两边并不像正式测定时所呈现的一明一暗现象，而是呈现玻璃状透明，分界线仍清晰可见，再用小螺丝刀微量调节镜筒下方的小孔内的螺丝，使分界线对准叉线中心即可。第二种方法是用蒸馏水作标准样品，分别在 10、20、30、40 ℃时测定其折光率，再与纯水的标准值比较，即可得该折光仪的校正值。校正值一般很小，若数值较大时，整个仪器必须重新校正。

2. 测定液体折光率的操作

（1）恒温　将折光仪与恒温水浴连接，调节所需要的温度，通常为 20 ℃，同时检查保温套的温度计是否准确。

每次测定工作之前及进行示值校准时，必须将进光棱镜的毛面及折射棱镜的抛光面，用无水乙醇或丙酮浸湿的脱脂棉轻擦干净并晾干，以免留有其他物质，影响成像清晰度和测量精度。

（2）加样　用干净滴管吸取少量被测液体加在折射棱镜表面，并迅速将进光棱镜盖上，用手轮锁紧，要求液层均匀，充满视场，无气泡。若试样易挥发，则可在两棱镜接近闭合时从加液小槽中加入，然后闭合两棱镜并锁紧。

（3）测量和读数　打开遮光板，合上反射镜，调节目镜焦距，使十字线成像清晰（如目镜内视场不够明亮，可用外界光源，如手机上的手电筒补光），此时旋转刻度手轮，并在目镜视场中观察到有明暗分界线或彩色光带。再旋转色散调节手轮，使明暗分界线清晰，不带任何彩色，再次微调刻度手轮，使分界线对准交叉线中心（恰好通过"十"字的交点），此时目镜视场下方显示的示值即为被测液体的折光率。记录温度与读数，重复 1~2 次。测完后，应立即用擦镜纸擦干试液，再用脱脂棉（无水乙醇或丙酮浸湿）擦洗棱镜的上下镜面，晾干后再关闭。

五、仪器维护与保养

（1）在测定样品之前，应对折光仪进行校正。

（2）为了保护棱镜镜面，不能用滤纸或其他纸擦拭镜面，而只能用专用的擦镜纸或脱脂棉（乙醇或丙酮浸湿），用滴管加样时，滴管口不能与镜面接触，以免在镜面上造成划痕，若镜面上有固体残渣，用脱脂棉及时清除。

（3）试样的加入量应以在棱镜间形成一层均匀的液层为准，一般只需 2~3 滴即可，在测量液体时样品放得过少或分布不均，会导致视野看不清楚，此时可多加一点液体，对于易挥发的液体应熟练而敏捷地测量。

（4）不能测定强酸、强碱及有腐蚀性的液体，也不能测定对棱镜、保温套之间的胶黏剂有溶解性的液体。

（5）仪器应避免强烈震动或撞击，以防止光学零件损伤而影响精度，仪器在使用或贮藏时均应避免日光直射，不用时应置于木箱内于干燥处贮藏。

第五节　WZZ-2S 型自动旋光仪

一、仪器特点

旋光仪是一种测定物质旋光度的仪器。通过旋光度的测定，可以分析某一物质的浓度、含量及纯度等。WZZ-2S 型自动旋光仪采用数字电路及微机控制技术，保证了测试精度和稳定性，对目视旋光仪难以分析的低旋光度样品也能适应。仪器配以大屏幕背光液晶显示，测试数据清晰直观，可保存 3 次测量结果，并自动计算平均值。

二、技术指标

仪器光源：发光二极管（LED）+干涉滤光片；

工作波长：589 nm（钠 D 光谱）；

测定范围：$-45°\sim+45°$；

读数重复性：$\leq 0.002°$；

最小示值：$0.001°$；

示值误差：$\pm(0.01+测量值\times 0.05\%)°$；

仪器尺寸：$605\times370\times260$ mm^3；

仪器质量：21 kg；

供电电源：220 V±22 V，50 Hz。

三、仪器外观（图 5-6）

图 5-6　WZZ-2S 型自动旋光仪

四、使用方法

（1）将仪器电源插头插好，打开电源开关，等待 5 min 使钠灯发光稳定。

（2）准备装样旋光管，要求旋光管清洁、无破损，试管护片旋钮松紧度合适，无漏液。

（3）在已准备好的旋光管中注入蒸馏水或待测试样的溶剂放入仪器试样室的试样槽中，按下仪器正面的"清零"键，使显示为 0。一般情况下本仪器如在不放旋光管时示数为 0，放入无旋光度溶剂后（如蒸馏水）测数也为 0，但须注意避免旋光管的护片上有油污、不洁物及管中小气泡或将旋光管护片旋得过紧对空白测数的影响。

（4）取出旋光管，除去空白溶剂，小心注入待测样品，将旋光管放入试样室的试样槽中，仪器伺服系统工作，其液晶屏显示出所测溶液的旋光度值，指示灯"1"点亮，注意旋光管内腔应用少量被测试样冲洗 2~3 次。

（5）按"复测"键一次，显示屏显示"2"，表示仪器显示第二次测量结果，再次按"复测"键，显示屏显示"3"，表示仪器显示第三次测量结果。按"1 2 3"键，可切换显示各次测量的旋光度值。按"平均"键，液晶屏显示"平均"，取几次测量的平均值作为样品的测定结果。

（6）测试前或测试后，测定试样溶液的温度，按温度校准方法所述将测得的结果进行温度校正计算。

（7）深色样品透过率过低时，仪器的示数重复性将有所降低，此系正常现象。

（8）仪器开机后的默认状态为测量旋光度，液晶屏显示"a"。如需测量糖度，可按"Z/a"键，液晶屏显示"Z"。注意：当样品室中有旋光管时，按"Z/a"键，液晶屏显示"Z"，结果显示"0.000"，必须重新放入试管，所示值才为该样品糖度。

五、仪器维护与保养

（1）仪器应放在干燥通风处，避免高温高湿及接触腐蚀性气体，且承放本仪器的基座或工作台应牢固稳定，并基本水平。

（2）钠灯在使用一段时间后，发光会明显变暗甚至完全熄灭，使仪器不能正常工作，此时应更换钠灯。

（3）经过一段时间使用之后，可用小棒缠上脱脂棉花蘸少量无水乙醇或乙酸丁酯轻轻揩擦仪器光学系统表面的积灰或霉变。光学零件一般勿轻易拆卸。

第六节　DDS-307 型电导率仪

一、仪器特点

DDS-307 型电导率仪采用大屏幕 LCD 段码式液晶，可同时显示电导率和温度值，显示清晰，且具有电导电极常数补偿功能和手动温度补偿功能。该仪器适用于实验室精确测量水溶液的电导率及温度、总溶解固态量（TDS）及温度，也可用于测量纯水的纯度与温度，以及海水及海水淡化处理中的含盐量的测定（以 NaCl 为标准），作为化学动力学指示，测定临界胶团浓度，进行电导滴定等。

二、技术指标

测量范围：$0.00 \sim 100.0 \ \mathrm{mS \cdot cm^{-1}}$；

电子单元基本误差：$\pm 1.0\%$（FS）；

仪器基本误差：电导率 $\pm 1.5\%$（FS）；

温度补偿范围：$0 \sim 50 \ ℃$；

外形尺寸：$290 \times 210 \times 95 \ \mathrm{mm^3}$；

总质量：约 $1.5 \ \mathrm{kg}$；

供电电源：$220 \ \mathrm{V} \pm 22 \ \mathrm{V}$，$50 \ \mathrm{Hz}$。

三、仪器外观（图 5-7）

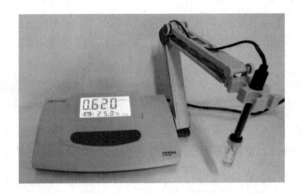

图 5-7　DDS-307 型电导率仪

四、使用方法

1. 仪器键盘说明

（1）"测量"键　在设置"温度""电极常数""常数调节"时，按此键退出功能模块，返回测量状态。

（2）"电极常数"键　按此键上部"▲"为调节电极常数上升；按此键下部"▼"为调节电极常数下降，电极常数的数值选择在 0.01 、0.1、1、10 四个档位之间转换。

（3）"常数调节"键　按此键上部"▲"为常数调节数值上升；按此键下部"▼"为常数调节数值下降。

（4）"温度"键　按此键上部"▲"为调节温度数值上升；按此键下部"▼"为调节温度数值下降。

（5）"确定"键　用于确认当前的操作状态以及操作数据。

2. 电极的选择

应根据待测液的电导率范围选择相应的电极。不同电极常数对应的电导率测量范围见表 5-2 所列。

表 5-2　不同电极常数对应的电导率测量范围

电极常数/cm^{-1}	电导率范围	电极常数/cm^{-1}	电导率范围
0.01	$0 \sim 2\,\mu S \cdot cm^{-1}$	1	$2\mu S \cdot cm^{-1} \sim 10\ mS \cdot cm^{-1}$
0.1	$0.2 \sim 20\,\mu S \cdot cm^{-1}$	10	$10 \sim 100\ mS \cdot cm^{-1}$

3. 电导率的测定方法

(1)将电源插头插入仪器插座，电导电极插头的豁口对插座的豁口后插上，安装在电极架上，用蒸馏水冲洗电极，但不能碰黑色的铂黑部分。用少量待测液冲洗电极后，取少许被测液在小烧杯中，将电极浸入被测溶液中。

(2)接上电源，打开仪器开关，仪器进入测量状态，预热 30 min 后，可进行测量。

(3)设置温度　在测量状态下，按"温度"键调节温度显示值，使温度显示为被测溶液的温度，再按"确定"键，即完成当前温度设置；按"测量"键放弃设置，返回测量状态。

(4)设置电极常数　按"电极常数"键或"常数调节"键进入电极常数设置状态，显示屏上出现上下两组数值，按"常数调节"和"电极常数"分别调节上下两组数值，使得两组数值的乘积等于电导电极上所标明的电极常数值即可。

(5)测量　设置好温度和电极常数后，按"测量"键，仪器进入测量状态。测量前电导电极必须浸泡(贮存)在蒸馏水中，测量时用被测溶液润洗后浸入被测溶液中，用手轻轻摇动烧杯或用磁力搅拌器搅拌使溶液均匀，在显示屏上读取溶液的电导率值。

五、使用注意事项

(1)电导电极使用前必须放在蒸馏水中浸泡数小时，经常使用的电极应放入(贮存)蒸馏水中。

(2)对于高纯水或超纯水($<0.2\,\mu S \cdot cm^{-1}$)的测量，须配置 0.01 常数的钛合金电极和测量池，在密封流动状态下测量，流速不要太快，出水口有水缓缓流出即可。

(3)对于一些水温高于环境温度的溶液，自然冷却后再测量，否则会引起读数不稳定。

(4)为保证仪器的测量精度，必要时在仪器的使用前用该仪器对电极常数进行重新标定，同时应定期进行电极常数的标定。

(5)为确保测量精度，电极使用前应用小于 $0.5\,\mu S \cdot cm^{-1}$ 的纯水冲洗两次，然后用被测试样冲洗后方可测量。

(6)可以用含有洗涤剂的温水清洗电极上的有机成分玷污，也可以用乙醇清洗。如果是光亮的铂电极，可以用软刷子机械清洗，绝对不可使用螺丝起子之类硬物清除电极表面，甚至在用软刷子机械清洗时也需要特别注意，不可在电极表面产生划痕；如果是镀铂黑的电极，则只能用化学方法清洗，用软刷子机械清洗时会破坏镀在电极表面的镀层(铂黑)。

第七节　SDC-Ⅱ型数字电位差综合测试仪

一、仪器特点

一体化设计：将 UJ 系列电位差计、光电检流计、标准电池等集成一体，体积小，质量轻，便于携带。

数字显示：电位差值六位显示，数值直观清晰、准确可靠。

内外基准：既可使用内部基准进行校准，又可外接标准电池作基准进行校准，使用方便灵活。

准确度高：保留电位差计测量功能，真实体现电位差计对比检测误差微小的优势。

性能可靠：电路采用对称漂移抵消原理，克服了元器件的温漂和时漂，提高测量的准确度。

二、技术指标

测量范围：0~±5 V；

测量分辨率：10 μV（六位显示）；

线性误差：内标法为 0.05%（FS），外标法以外电池精度为准；

外形尺寸：380×170×225 mm^3；

总质量：约 2 kg；

供电电源：220 V±22 V，50 Hz。

三、外观结构（图 5-8）

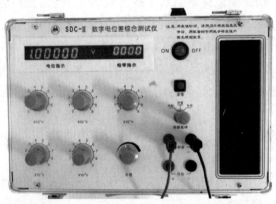

图 5-8　SDC-Ⅱ型数字电位差综合测试仪

四、使用方法

1. 以内标为基准进行测量

打开电源开关，预热 15 min。

将"测量选择"旋钮置于"内标"位置，将测试线分别插入测量插孔内，将"10^0"位旋钮置于"1"，"补偿"旋钮逆时针旋到底，其他旋钮均置于"0"，此时，"电位指示"显示"1.00000"V，待"检零指示"显示数值稳定后，按一下"采零"键，此时"检零指示"显示为"0000"。

将"测量选择"置于"测量"位置。用测试线将被测电动势按"+""−"极性与"测量插孔"连接。调节"$10^0 \sim 10^{-4}$"5个旋钮，使"检零指示"显示数值为负且绝对值趋近于0。调节"补偿旋钮"，使"检零指示"显示为"0000"，此时，"电位指示"数值即为被测电动势的值。

测量过程中，若"检零指示"显示溢出符号"OUL"，说明"电位指示"显示的数值与被测电动势值相差过大。

2. 以外标为基准进行测量

将"测量选择"旋钮置于"外标"位置。将已知电动势的标准电池按"+""−"极性与"外标插孔"连接。调节"$10^0 \sim 10^{-4}$"5个旋钮和"补偿旋钮"，使"电位指示"显示的数值与外标电池数值相同。待"检零指示"数值稳定后，按一下"采零"键，此时，"检零指示"显示为"0000"。

拔出"外标插孔"的测试线，再用测试线将被测电动势按"+""−"极性接入"测量插孔"。将"测量选择"置于"测量"。调节"$10^0 \sim 10^{-4}$"5个旋钮，使"检零指示"显示数值为负且绝对值趋近于0。调节"补偿旋钮"，使"检零指示"为"0000"，此时，"电位指示"显示的数值即为被测电动势的值。

实验结束后关闭电源。

五、仪器维护与保养

(1) 置于通风、干燥、无腐蚀性气体的场合。

(2) 不宜放置在高温环境，避免靠近发热源，如电暖气或炉子等。

(3) 为了保证仪表工作正常，没有专门检测设备的单位和个人，请勿打开机盖进行检修，更不允许调整和更换元件，否则将无法保证仪表测量的准确度。

第八节　pHS-3C 型酸度计

一、酸度计的工作原理

酸度计是对溶液中氢离子活度产生选择性响应的一种电化学传感器。pH 值测量的实质就是测量以指示电极、参比电极和溶液组成的电池的电动势。通过比较已知 pH 值的标准缓冲溶液所组成的电池的电动势和待测溶液所组成的电池的电动势，从而得出待测溶液的 pH 值。

酸度计由电极部分和电动势测量部分组成。通常以玻璃电极作为指示电极，甘汞电极作为参比电极，现在使用的 pH 电极通常是由玻璃电极和甘汞电极组合为一体后的复合电极，结构更紧凑，使用更方便。玻璃电极头部是由特殊的敏感薄膜制成，它对氢离子有特殊选择性响应，将它插入被测溶液内，其电势会随被测液中氢离子的浓度和温度而改变。

酸度计要用 pH 标准缓冲溶液进行校正，目前常用的 3 种标准缓冲溶液在不同温度下的 pH 列于表 5-3。

表 5-3 不同温度下标准缓冲溶液的 pH

温度/℃	0.05 mol·L^{-1} 邻苯二甲酸氢钾	0.025 mol·L^{-1} 磷酸二氢钾和磷酸氢二钠	0.01 mol·L^{-1} 硼砂
5	4.00	6.95	9.39
10	4.00	6.92	9.33
15	4.00	6.90	9.28
20	4.00	6.88	9.23
25	4.00	6.86	9.18
30	4.01	6.85	9.14
35	4.02	6.84	9.11
40	4.03	6.84	9.07
45	4.04	6.84	9.04
50	4.06	6.83	9.03

常用的 3 种标准缓冲溶液的配制方法如下：

(1) pH 4.00 标准缓冲溶液　用基准试剂邻苯二甲酸氢钾 10.211 2 g，溶解于 1 000 mL 的蒸馏水中。

(2) pH 6.86 标准缓冲溶液　用基准试剂磷酸二氢钾 3.402 1 g、磷酸氢二钠 3.549 0 g，溶解于 1 000 mL 的蒸馏水中。

(3) pH 9.18 标准缓冲溶液　用基准试剂硼砂 3.813 7 g，溶解于 1 000 mL 的蒸馏水中。

配制上述溶液所用的蒸馏水，应预先煮沸 15~30 min，除去溶解的二氧化碳。在冷却过程中应避免与空气接触，以防止二氧化碳的污染。

配好的标准缓冲溶液应在冰箱中低温(5~10 ℃)保存。如发现有浑浊、发霉或沉淀等现象时，不能继续使用。勿将使用过的标准缓冲溶液倒回标准溶液贮藏瓶中。

图 5-9　pHS-3C 型酸度计

二、仪器外观

酸度计的种类很多，现以 pHS-3C 型酸度计为例说明它的使用。此酸度计是一种精密数字显示 pH 计，可以测量 pH 值和电动势。其使用方便，测量迅速，重复性误差小。仪器的外观如图 5-9 所示，仪器的按键功能说明见表 5-4。

表 5-4　pHS-3C 型酸度计仪器按键功能说明

按键	功　能
pH/mV	"pH/mV"转换键，pH、mV 测量模式转换
温度	"温度"键，对温度进行手动设置
定位	"定位"键，对 pH 进行二点标定工作
斜率	"斜率"键，对 pH 进行二点标定工作
▲	"▲"键，此键为数值上升键，按此键"▲"为调节数值上升
▼	"▼"键，此键为数值下降键，按此键"▼"为调节数值下降
确认	"确认"键，按此键为确认上一步操作

三、使用方法

测量溶液 pH 值时，按下述操作步骤进行：

(1)电极的安装　把电极安装在电极架上，取下仪器电极插口上的短路插头，插上电极。注意电极插头在使用前应保持清洁干燥，切忌被污染。

(2)开机　按下电源开关键，接通电源，按"pH/mV"键，使仪器由 mV 测量模式转换为 pH 测量模式，预热 30 min 左右。

(3)仪器的标定

①按"温度"键，使仪器进入溶液温度调节状态，按"▲"键或"▼"键，使温度显示值和待测溶液温度测定值一致，然后按"确认"键，仪器回到 pH 测量状态。

②按"定位"键，使仪器进入定位调节状态，把用蒸馏水清洗过的电极插入 pH = 6.86 的标准缓冲溶液中，沿实验台面轻轻摇动盛液器皿，使溶液均匀，仪器显示实测的 pH 值，按"▲"键或"▼"键，使仪器显示的读数与该缓冲溶液的 pH 值一致，然后按"确认"键，仪器回到 pH 测量状态。

③按"斜率"键，使仪器进入斜率调节状态，把用蒸馏水清洗过的电极插入 pH = 4.00 或 9.18 的标准缓冲液中(此缓冲液的选择，以其 pH 值接近待测溶液的 pH 值为宜)。沿实验台面轻轻摇动盛液器皿，使溶液均匀，仪器显示实测的 pH 值，按"▲"键或"▼"键，使仪器显示的读数与该缓冲溶液的 pH 值一致，然后按"确认"键，仪器回到 pH 测量状态。

重复②③操作，直至不用再调节"定位"或"斜率"为止，至此，完成仪器的标定。

注意：一般情况下，经过标定的仪器，在 24 h 内不需再标定。

(4)测量溶液的 pH

①待测溶液与标定溶液温度相同时，测量步骤如下：用蒸馏水清洗电极头部，再用待测溶液清洗一次，把电极浸入待测溶液中，沿实验台面轻轻摇动盛液器皿，使溶液均匀，在显示屏上读出溶液的 pH 值。

②待测溶液和标定溶液温度不同时，测量步骤如下：用温度计测出待测溶液的温度值，按"温度"键，使仪器进入溶液温度设置状态，按"▲"键或"▼"键，使温度显示值和待测溶液温度值一致，然后按"确认"键，仪器回到 pH 测量状态。用蒸馏水清洗电极头部，再用待测溶液清洗一次，然后再把电极插入待测溶液中，沿实验台面轻轻摇动盛液器皿，使溶液均匀，在显示屏上读出溶液的 pH 值。

四、使用注意事项

(1)仪器的电极插头和插口必须保持清洁干燥，不使用时应将短路插头或电极插头插上，以防止灰尘及湿气浸入而降低仪器的输入阻抗，影响测定的准确性。

(2)在样品测量时，电极的引入导线须保持静止，不要用手触摸。否则将会引起测量值不稳定。

(3)标定时，尽可能用接近待测溶液 pH 值的标准缓冲溶液，且标定溶液的温度尽可能与待测溶液的温度一致。

(4)对于第一次使用的 pH 电极或长期停用的 pH 电极，在使用前必须在 3 mol·L^{-1} KCl 溶液中浸泡 24 h。复合电极不用时，应将电极插入装有电极保护液的瓶内，以使电极球泡保持活性状态。不应长期浸泡在蒸馏水中。取下电极保护套后，应避免电极头部被碰撞，以免电极的玻璃球泡破裂，使电极失效。

(5)使用加液型电极时，应注意电极内参比液是否减少，若少于 1/2 容积，可用滴管从上端小孔加入 3 mol·L^{-1} KCl 溶液。测量时应将封孔橡皮套向下移，以便露出小孔。复合电极不使用时，应用橡皮套封住小孔，防止补充液干涸。

(6)在将电极从一种溶液移入另一溶液之前，应用蒸馏水清洗电极。不要刻意擦拭电极的玻璃球泡，否则可能导致电极响应迟缓。最好的方法是使用待测液冲洗电极。

(7)pH 电极的使用寿命通常为一年，在使用过程中由于玻璃球泡被污染或液接界被堵塞，会出现电极钝化、响应时间延长、显示读数不准等现象，此时应进行更换。

参考文献

复旦大学，2004. 物理化学实验\［M\］.3版.北京：高等教育出版社.

傅献彩，沈文霞，姚天扬，2006. 物理化学\［M\］.5版.北京：高等教育出版社.

贺德华，麻英，张连庆，2008. 基础物理化学实验\［M\］.北京：高等教育出版社.

胡俊平，刘妍，毕慧敏，2016. 物理化学实验项目改进创新——以"原电池电动势的测定及在热力学上的应用"为例\［J\］.化学教育，37(10)：32-34.

胡晓洪，2007. 物理化学实验\［M\］.北京：化学工业出版社.

李如生，1986. 非平衡态热力学和耗散结构\［M\］.北京：清华大学出版社.

李显峰，2012. $Fe(OH)_3$胶体电泳实验影响因素探讨\［J\］.广东化工，39(3)：76.

刘寿长，张建民，徐顺，2004. 物理化学实验与技术\［M\］.郑州：郑州大学出版社.

刘兴，屈景年，周立君，2016. 理想完全互溶双液系相图的数学解析\［J\］.大学化学，31(7)：96-100.

罗鸣，石士考，张雪英，2012. 物理化学实验\［M\］.北京：化学工业出版社.

乔正平，龚孟濂，巢晖，2019. 关于凝固点降低的教材编写和教学建议\［J\］.大学化学，34(1)：77-81.

苏育志，2010. 基础化学实验(Ⅲ)物理化学实验\［M\］.北京：化学工业出版社.

孙尔康，张剑荣，2009. 物理化学实验\［M\］.南京：南京大学出版社.

唐浩东，2008. 新编基础化学实验(Ⅲ)物理化学实验\［M\］.北京：化学工业出版社.

王国平，张培敏，王永尧，2017. 中级化学实验\［M\］.2版.北京：科学出版社.

杨亚提，2018. 物理化学\［M\］.2版.北京：中国农业出版社.

岳可芬，2015. 基础化学实验(Ⅲ)物理化学实验\［M\］.北京：科学出版社.

张秀芳，贺文英，2011. 物理化学实验\［M\］.北京：中国农业大学出版社.

张秀华，2015. 物理化学实验\［M\］.哈尔滨：哈尔滨工程大学出版社.

中华人民共和国国家环境保护标准.HJ 962—2018. 土壤 pH 值的测定(电位法)\［S\］.

朱文涛，2011. 基础物理化学下册\［M\］.北京：清华大学出版社.

庄继华，2005. 物理化学实验\［M\］.3版.北京：高等教育出版社.

附录　物理化学实验常用数据表

常数	符号	数值*	单位
真空中的光速	c_0	2.997 924 58(12)×10^8	m·s^{-1}
基本电荷	e	1.602 177 33(49)×10^{-19}	C
普朗克常数	h	6.626 075 5(40)×10^{-34}	J·s
阿伏伽德罗常数	L	6.022 136 7(36)×10^{23}	mol^{-1}
电子的静止质量	m_e	9.109 389 7(54)×10^{-31}	kg
质子的静止质量	m_p	1.672 623 1(10)×10^{-27}	kg
中子的静止质量	m_n	1.674 928 6(10)×10^{-27}	kg
法拉第常数	F	9.648 530 9(29)×10^4	C·mol^{-1}
摩尔气体常数	R	8.314 510(70)	J·K^{-1}·mol^{-1}
玻耳兹曼常数	$k=R/L$	1.380 658 (12)×10^{-23}	J·K^{-1}

注：* 括号中数字是标准偏差。

附表 2　不同温度下水的密度

$t/℃$	$10^{-3}\rho/\mathrm{kg·m^{-3}}$	$t/℃$	$10^{-3}\rho/\mathrm{kg·m^{-3}}$	$t/℃$	$10^{-3}\rho/\mathrm{kg·m^{-3}}$
0	0.999 87	17	0.998 80	34	0.994 40
1	0.999 93	18	0.998 62	35	0.994 06
2	0.999 97	19	0.998 43	36	0.993 71
3	0.999 99	20	0.998 23	37	0.993 36
4	1.000 00	21	0.998 02	38	0.992 99
5	0.999 99	22	0.997 80	39	0.992 62
6	0.999 97	23	0.997 56	40	0.992 24
7	0.999 97	24	0.997 32	41	0.991 86
8	0.999 88	25	0.997 07	42	0.991 47
9	0.999 78	26	0.996 81	43	0.991 07
10	0.999 73	27	0.996 54	44	0.990 66
11	0.999 63	28	0.996 26	45	0.990 25
12	0.999 52	29	0.995 97	46	0.989 82
13	0.999 40	30	0.995 67	47	0.989 40
14	0.999 27	31	0.995 37	48	0.988 96
15	0.999 13	32	0.995 05	49	0.988 52
16	0.998 97	33	0.994 73	50	0.988 07

附表3 不同温度下水的饱和蒸气压

$t/℃$	p/kPa	$t/℃$	p/kPa	$t/℃$	p/kPa	$t/℃$	p/kPa
0	0.611 29	25	3.169 0	50	12.344	75	38.563
1	0.657 16	26	3.362 9	51	12.970	76	40.205
2	0.706 05	27	3.567 0	52	13.623	77	41.905
3	0.758 13	28	3.781 8	53	14.303	78	43.665
4	0.813 59	29	4.007 8	54	15.012	79	45.487
5	0.872 60	30	4.245 5	55	15.752	80	47.373
6	0.935 37	31	4.495 3	56	16.522	81	49.324
7	1.002 1	32	4.757 8	57	17.324	82	51.342
8	1.073 0	33	5.033 5	58	18.159	83	53.428
9	1.148 2	34	5.329 9	59	19.028	84	55.585
10	1.228 1	35	5.626 7	60	19.932	85	57.815
11	1.312 9	36	5.945 3	61	20.873	86	60.119
12	1.402 7	37	6.279 5	62	21.851	87	62.499
13	1.497 9	38	6.629 8	63	22.868	88	64.958
14	1.598 8	39	6.996 9	64	23.925	89	67.496
15	1.705 6	40	7.381 4	65	25.022	90	70.117
16	1.818 5	41	7.784 0	66	26.163	91	72.823
17	1.938 0	42	8.205 4	67	27.347	92	75.614
18	2.064 4	43	8.646 3	68	28.576	93	78.494
19	2.197 8	44	9.107 5	69	29.852	94	81.465
20	2.338 8	45	9.589 8	70	31.176	95	84.529
21	2.487 7	46	10.094	71	32.549	96	87.688
22	2.644 7	47	10.620	72	33.972	97	90.945
23	2.810 4	48	11.171	73	35.448	98	94.301
24	2.985 0	49	11.745	74	36.978	99	97.759

附表4 不同温度下水的表面张力

$t/℃$	$10^3\sigma/N·m^{-1}$	$t/℃$	$10^3\sigma/N·m^{-1}$	$t/℃$	$10^3\sigma/N·m^{-1}$	$t/℃$	$10^3\sigma/N·m^{-1}$
0	75.64	15	73.59	22	72.44	29	71.35
5	74.92	16	73.34	23	72.28	30	71.18
10	74.22	17	73.19	24	72.13	35	70.38
11	74.07	18	73.05	25	71.97	40	69.56
12	73.93	19	72.90	26	71.82	45	68.74
13	73.78	20	72.75	27	71.66	50	67.91
14	73.64	21	72.59	28	71.50	60	66.18

附表5　不同温度下水的折射率、黏度和介电常数

温度 $t/℃$	折射率 n_D	黏度 $\eta/10^{-3}Pa \cdot s$	介电常数 ε
0	1.333 95	1.787 0	87.74
5	1.333 88	1.519 0	85.76
10	1.333 69	1.307 0	83.83
15	1.333 39	1.139 0	81.95
20	1.333 00	1.002 0	80.10
21	1.332 90	0.977 9	79.73
22	1.332 80	0.954 3	79.38
23	1.332 71	0.932 5	79.02
24	1.332 61	0.911 0	78.65
25	1.332 50	0.890 4	78.30
26	1.332 40	0.870 5	77.94
27	1.332 29	0.851 3	77.60
28	1.332 17	0.832 7	77.24
29	1.332 06	0.814 8	76.90
30	1.331 94	0.797 5	76.55
35	1.331 31	0.719 4	74.83
40	1.330 61	0.652 9	73.15
45	1.329 85	0.596 0	71.51
50	1.329 04	0.546 8	69.91
60	1.327 25	0.466 5	66.82
70		0.404 2	63.86
80		0.354 7	61.03
90		0.314 7	58.32
100		0.281 8	55.72

附表6　几种常用有机化合物的折光率表（25℃）

名称	n_D^{25}	名称	n_D^{25}
甲醇	1.326	氯仿	1.444
乙醚	1.352	四氯化碳	1.459
丙酮	1.357	甲苯	1.494
乙醇	1.359	苯	1.498
环己烷	1.426	溴苯	1.557

附表 7　某些溶剂的凝固点降低常数

溶剂	$T_f/℃$	$K_f/K \cdot kg \cdot mol^{-1}$	溶剂	$T_f/℃$	$K_f/K \cdot kg \cdot mol^{-1}$
苯胺	−6	5.87	硫酸	10.5	6.17
苯	5.5	5.10	对-甲苯胺	43	5.2
水	0	1.86	乙酸	16.65	9.3
1，4-二氧六环	1.2	4.7	苯酚	41	7.3
樟脑	178.4	39.7	环己烷	6.5	20.2
对-二甲苯	13.2	4.3	四氯化碳	−23	29.8
甲酸	8.4	2.77	硝基苯	5.7	6.9
萘	80.1	6.9	吡啶	−42	4.97

附表 8　KCl 溶液的电导率

$t/℃$	$\kappa/S \cdot m^{-1}$			
	$1.000 \ mol \cdot L^{-1}$	$0.100\ 0 \ mol \cdot L^{-1}$	$0.020\ 0 \ mol \cdot L^{-1}$	$0.010\ 0 \ mol \cdot L^{-1}$
0	6.541	0.715	0.152 1	0.077 6
5	7.414	0.822	0.175 2	0.089 6
10	8.319	0.933	0.199 4	0.102 0
15	9.252	1.048	0.224 3	0.114 7
16	9.441	1.072	0.229 4	0.117 3
17	9.631	1.095	0.234 5	0.119 9
18	9.822	1.119	0.239 7	0.122 5
19	10.014	1.143	0.244 9	0.125 1
20	10.207	1.167	0.250 1	0.127 8
21	10.400	1.191	0.255 3	0.130 5
22	10.594	1.215	0.260 6	0.133 2
23	10.789	1.239	0.265 9	0.135 9
24	10.984	1.264	0.271 2	0.138 6
25	11.180	1.288	0.276 5	0.141 3
26	11.377	1.313	0.281 9	0.144 1
27	11.574	1.337	0.287 3	0.146 8
28		1.362	0.292 7	0.149 6
29		1.387	0.298 1	0.152 4
30		1.412	0.303 6	0.155 2
35		1.539	0.331 2	

注: 在空气中称取 KCl 74.56 g, 溶于 18℃水中, 稀释到 1 L, 其浓度为 1.000 mol · L⁻¹(密度 1.044 9 g · mL⁻¹), 再稀释得其他浓度溶液。

附表 9　乙醇的饱和蒸气压

$t/℃$	p/kPa	$t/℃$	p/kPa	$t/℃$	p/kPa
0	1.565 2	30	10.418 9	60	47.022 0
5	2.199 8	35	13.825 3	65	59.834 0
10	3.082 7	40	18.038 2	70	72.326 1
15	4.260 9	45	23.197 7	75	88.804 4
20	5.811 4	50	29.597 0	80	108.335 8
25	7.507 2	55	37.409 6	85	131.493 5

附表 10　常压下恒沸混合物的沸点和组成

恒沸混合物		各组分的沸点/℃		恒沸混合物的性质	
甲组分	乙组分	甲组分	乙组分	恒沸点/℃	组成($W_甲\%$)
乙醇	水	78.3	100	78.1	95.5
乙醇	环己烷	78.3	80.7	64.8	29.2
苯	环己烷	80.1	80.7	68.5	4.7
异丙醇	环己烷	82.4	80.7	69.4	32.0
苯	乙醇	80.1	78.3	67.9	68.3
乙酸乙酯	正己烷	77.1	68.7	65.2	39.9

附表 11　甘汞电极的电极电势与温度的关系

甘汞电极	φ/V
SCE	$0.241\ 2-6.61×10^{-4}(t-25)-1.75×10^{-6}(t-25)^2-9×10^{-10}(t-25)^3$
NCE	$0.280\ 1-2.75×10^{-4}(t-25)-2.50×10^{-6}(t-25)^2-4×10^{-9}(t-25)^3$
0.1NCE	$0.333\ 7-8.75×10^{-5}(t-25)-3×10^{-6}(t-25)^2$

注：SCE 为饱和甘汞电极；NCE 为标准甘汞电极；0.1NCE 为 0.1 mol·L⁻¹甘汞电极。